JN033388

すべての人の
天文学

岡村定矩＋芝井 広●監修

縣 秀彦●編著

日本評論社

まえがき

　「星はなぜ輝くのか」という問いに多くの天文学者は，「星が自分の重さで潰れないため」と答えます．3月11日の東日本大震災のとき，東北の夜空は満天の星だったそうです．その夜空をみた被災者のさまざまな思いのいくつかに接して以来，私はこの問いの答えに，「人々の苦しみや悲しみを希望に変えるため」を加えてもよいと思うようになりました．星や宇宙はそれほど人々の心と社会に深い関わりを持っているように思われるからです．

　本書は日本天文学会が出した「天文学のすすめ」と「大学で学ぶ天文学」（詳細は「あとがき」参照）の内容を，一般の人々に具体的な形で伝えたいとの思いから作られたものです．それと同時に，小学校から中学，高校，大学，科学館などの現場で天文学を伝える立場にある人にとって有用な事柄もできるだけ含めたいと考えました．それらは必ずしも多くの人々が持つ天文学への関心と重ならない部分もあります．そのため，この二つの目的をうまく両立させる工夫として，本書を第Ⅰ部（おもに学ぶ人向け），第Ⅱ部（おもに伝える人向け），付録（基礎の解説）という三部構成としました．執筆者は全員，大学で天文教育を担当する現役教員です．

　第Ⅰ部は，一般の人が読んでも天文学の面白さに触れられるように配慮しました（章末問題は理解を深める手がかりの例として挙げたものでテストではありません）．ここでは天文学がカバーするほぼすべての領域を扱っているので，大学で基礎的な天文学の講義を受けた人も手に取っていただきたいと思います．第Ⅰ部だけで現代天文学の到達点を大づかみできるようになっています．どんな人にとっても天文学の入門書として楽しめるでしょう．章の順番にこだわらず，興味の湧く章から読んでいただくことができます．

　第Ⅱ部ではまず第1章で天文学と社会の関わりを概観し，第2章で中学校までに学んだことをしっかりと身につける「学び直し」を行います．その上で，第3章で天文学の手法とその発展を概観し，21世紀の天文学の展望を述べます．付録ではⅠ部・Ⅱ部にかかわらず，「きほんのき」を含む天文学の基礎概念を簡単に解説しました．全体を通じて，新しい話題や逸話などを扱う「トピック」と，発

展的な事柄を扱う「発展」，どう伝えるかの工夫などを紹介した「やってみよう」の欄を設け，また，理解を助ける図を多く入れました．本文中で太字になっている用語は，日本天文学会の「インターネット天文学辞典」（参考文献参照）に項目がありますので参考にしてください．また，本文中で他の箇所を参照する際は，以下の例のように略記してあります．

例：第Ⅰ部第2章→Ⅰ-2章　第Ⅱ部3.1節→Ⅱ-3.1節　付録A3.3節→A3.3節

天文学と社会のつながりの意義は近年，以前より強く認識されるようになってきています．天文学を学べば，「グローバルな（国境を越えた全地球的な）視点」を超えて，「ユニバーサルな（宇宙の中に地球を位置付ける）視点」を持つことができるでしょう．その視点から地球と社会を注意深く考察すれば，地球温暖化や地球環境の問題にも新しい見方が持てるはずですし，国連の定めた「発展のための開発目標（SDGs）」に謳われている「社会のインクルーシブな発展」の重要性にも気づくことでしょう．

天文学者が集う世界組織である国際天文学連合（International Astronomical Union: IAU）は，2009年の「世界天文年」に全世界で展開した「社会発展のために天文学を利用する」活動の大成功を受けて，現在「戦略プラン2020-2030」を遂行中です．そこでは，天文学の研究を推進することに加えて，「天文学のインクルーシブな発展を促進する」，「社会発展のための手段として天文学の利用を推進する」，「市民の天文学への関わりを促進する」，「学校教育レベルで天文学の利用を推進する」，といった目標が設定されています．この背景には，世界の多くの人々，特に若い世代が関心を持ち，人文・社会科学を含む多くの学問分野への入り口となるという天文学の特長があると考えています．

本書はこのIAUの活動を意識してつくりました．日本は世界的に見て天文学の教育・普及活動がもっとも進んでいる国の一つです．本書によって多くの人に天文学の面白さと意義が伝わることを願っています．最後に，本書の企画段階から議論に参加し，製作に当たってさまざまな示唆と支援をいただいた日本評論社の佐藤大器氏に感謝いたします．

2022年1月

岡村定矩

執筆者一覧

●監修者

岡村定矩（はじめに，付録）
東京大学名誉教授，東京大学エグゼクティブ・マネジメント・プログラム（東大 EMP）エグゼクティブ・ディレクター

芝井 広（おわりに）
大阪大学名誉教授

●編著者

縣　秀彦（第Ⅰ部第1章，第3章，第Ⅱ部第1章，第2章，付録）
国立天文台天文情報センター准教授

●執筆者

大山真満（第Ⅰ部第2章）
滋賀大学教育学部准教授

大朝由美子（第Ⅰ部第4章，第5章，第Ⅱ部第3章，付録）
埼玉大学教育学部／教職大学院／大学院理工学研究科准教授

工藤哲洋（第Ⅰ部第4章，第5章，付録）
長崎大学教育学部教授

佐藤文衛（第Ⅰ部第6章）
東京工業大学理学院地球惑星科学系教授

谷口義明（第Ⅰ部第7章）
放送大学教授

真貝寿明（第Ⅰ部第8章，付録）
大阪工業大学情報科学部教授

鴈野重之（第Ⅰ部第9章，第10章）
九州産業大学理工学部准教授

西浦慎悟（第Ⅱ部第3章，付録）
東京学芸大学自然科学系講師

第 **1** 部

宇宙を知りたい人に

第1章

天体の種類と宇宙の階層構造

　空気が澄んだ暗い夜に空を眺めてみよう．市街光などの人工光の影響を受けない場所なら，肉眼で数千個もの星を見ることができる．人々は幾千年の昔から天空を観察し，宇宙と地球そして人類・自分に対してさまざまな想いを巡らせてきた．

　宇宙を探究することは，世の中の営みとまったくかけ離れた行為とは限らない．宇宙を知る過程で「地球はなんて素晴らしい星！」と実感することがある．宇宙の中で地球や自分自身が存在すること自体を奇跡と感じることもあるだろう．宇宙の歴史や未来予想，宇宙と私たちとのかかわり，宇宙で私たちは孤独な存在なのかなど，天文学は今，根源的な謎を解き明かそうとしている．本章では導入として，本書に登場する天体とその活躍の舞台（＝宇宙の構造）を紹介しよう．

1.1　「宇宙劇場」の登場人物

　満天の星空を眺めてみよう．人口の多くが市街地に住む現代社会では，レジャーとして山や海を楽しむように，市街地を離れ星空を楽しむアストロツーリズムが盛んになりつつある．また，日本プラネタリウム協議会[1]の発表によると，全国各都市に存在するプラネタリムを訪れる人が日本においては年間約900万人にも上ることも，人々の星空を見たいという潜在的な欲求の現れかもしれない．

　図1.1は，南米ボリビアのウユニ塩湖（南緯20°）に立って眺めた夜空の様子

1）日本プラネタリウム協議会（JPA）https://planetarium.jp/

図1.1　星空と対峙する人（ウユニ塩湖にて，撮影：KAGAYA）

　だ．そこに写っているのは，数えきれない星ぼし＝**恒星**のみであろうか．画面中央をよく見ると左下から右上に一見，雲のような淡い拡がりの明かりが帯となって存在している．これが**天の川**である．また，その帯のところどころを黒い雲が覆っているようにも見える．これは**暗黒帯**または**暗黒星雲**と呼ばれている．一方，地平線近くを見ると天の川の両側には雲も写っているし，中央左寄りには地上の街明かりも確認できる．このように実際に夜空を見上げてみるとさまざまな気づきや不思議に思うことがあるだろう．

　1609年から自作の天体望遠鏡を宇宙に向けたイタリアの科学者**ガリレオ・ガリレイ**は翌年，望遠鏡を天の川に向けた．そこに見えたのは無数の星ぼしであり，ガリレオは天の川の正体は暗い星の大集団であることに気づいた．天の川は**天球**（観察者を中心として天体がそこに貼り付いているかのように見える仮想的な球面のこと）をぐるっと一周取り囲んでおり，天の川のもっとも明るく幅の広い方向が，夏の星座いて座の方向であることが分かる．このことから，私たちの住む

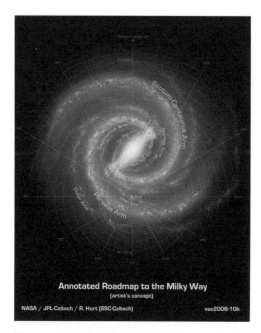

Annotated Roadmap to the Milky Way
(artist's concept)

NASA / JPL-Caltech / R. Hurt (SSC-Caltech)　　　ssc2008-10b

図1.2　天の川銀河と太陽系の位置. イラスト中 Sun
　　　と記された場所に太陽系がある.

太陽系は星と黒い雲からなる巨大な集団のふちのほうにありそうだとわかる. さまざまな研究によりこのような大集団は宇宙にたくさんあることがわかり, 銀河と呼ばれるようになった. 太陽系が属する銀河は図1.2のような形をしており, 天の川銀河[2] (または銀河系) と呼ばれている.

一方, 図1.1をよく見ると画面の右端に2か所, 拡がりを持った恒星とは異なる天体が写っている. 上が大マゼラン雲, 湖面に近いのが小マゼラン雲と呼ばれる天の川銀河の外側に存在する銀河である (地球からのそれぞれの距離は16万光年[3]と20万光年). 私たちが肉眼で容易に見ることができる銀河は天の川銀河 (ただし, 全体の一部分のみ. 私たち自身がその中に存在している), 南天の大・小マゼラン雲 (日本からは見られない), そして日本からも秋の夜空に肉眼でかろうじて確認できる250万光年先のアンドロメダ銀河のみである. しかし, 大型望遠鏡を夜空に向けると, 太陽系内天体 (太陽系), その先にある恒星の世界 (天の川銀河), さらにその遥か彼方に拡がる無数の銀河をとらえることができる.

2) 天の川銀河 = 銀河系. 現在, 天文学者間でもこの表現は統一されていない. 本書においてもこの呼び方は各著者に任され, 統一されていないので注意.
3) 光年: 1光年 = 光が真空中を1年間で進む距離のこと. 約9兆5千億km.

●例題1（星空の観察，天体写真からの情報の読み取り）

　図1.1に写っている南天の星空から，よく知っている**星座**や恒星を星図[4]やプラネタリムソフトウェア[5]等を使って探してみよう．また，この写真を見て感じたことや気づいたことを仲間と話してみよう．

例　写真中の人の真上方向の上端にはみなみじゅうじ座（南十字星）が傾いて写っている．その下の黒い部分がコールサック（石炭袋）と呼ばれる暗黒星雲．また，天の川内でもっとも明るい星が，太陽系に一番近い恒星であるケンタウルス座α星（距離は4.3光年）．

1.2　天体までの距離を歩く

　天文学を学ぶ際に，その時間・空間スケールの理解が難しい，または個々の天体と宇宙全体の関係が分からないという声がある．そのような際に役に立つのが空間や時間を身近な単位までに縮小したスケールモデルである．ここでは，太陽系を約14億分の1にスケールダウンしたモデルを用いて，太陽系の各天体間の距離を理解しよう．

　スケールモデルを作るには太陽系の本当の大きさを知る必要がある．詳細は他書に譲るが，後述するケプラーの第三法則（I-3.2節参照）と惑星までの距離の実測値を組み合わせて太陽系の大きさがわかる．前者から各惑星の軌道の大きさが地球の軌道の大きさを単位として決まり，地球から金星，水星，火星までの距離はレーダーを用いて直接測ることができるので，軌道の大きさにkmの目盛りがつけられるのである．太陽-地球間の平均距離を1 au（**天文単位**）と呼び，それは約1億5千万kmである．これは光速（＝30万km/秒）で499秒かかる距離だ．また，太陽や各惑星の直径も，その天体までの距離が分かっているので，見かけの大きさ（視直径）からkm単位の実際の直径が求まる（A5.1節参照）．

　このようにして求められた太陽系の姿は表3.1（I-3.2節）にまとめられてい

4）星図：恒星や星座などの天体の位置や明るさを赤経・赤緯面などに記した図．
5）たとえば，Stellarium（日本語版），ステラナビゲータなどがある．

る．太陽は地球の33万倍の質量を持ち，直径は地球の109倍もある巨大な天体である．惑星の中では木星が最大であるが，8個の惑星の質量をすべて合わせても太陽質量の0.2パーセントにも満たない．

●**例題2（太陽系のスケールモデル）**

太陽を直径1mのサイズとするスケールモデルでは，太陽系の各惑星までの距離や各惑星のサイズはどうなるか．また，太陽系にもっとも近い恒星であるケンタウルス座α星までの距離は，このモデルでは，どのくらいの距離となるだろうか．さらに，住んでいる地域の地図上に適切なスケールで太陽系モデルを描いてみよう．今いる場所や最寄り駅に太陽を置いてもよい．各惑星の軌道長半径（表3.1）の円を描くとイメージが湧くだろう．

1.3　地球から宇宙の果てへ

近年，各種のプラネタリムソフトウェアのように地球から見た天球上の天体を映し出すソフトの他に，地球を飛び出し，宇宙から地球を俯瞰できる宇宙ビューワーソフトが複数発表されている．これらは学校や生涯学習にかかわらず，さまざまな学習場面で有用なツールである．たとえば，国立天文台では4次元デジタル宇宙ビュア「Mitaka」というソフトウェアを無料で公開している．Mitakaは，地球を旅立って時空を旅し，宇宙の果てまで，好きなように自由に旅ができるソフトウェアである．本節ではMitaka（QRコード）を使って仮想的な宇宙旅行に出かけ，**宇宙の階層構造**と各階層で登場するおもな天体を紹介する．なお，宇宙全体の概要は図1.7のように図示することもできる．

図1.3は私たちの住む星・地球の昼と夜の姿だ．この惑星に現在78億人もの人類が暮らしている．昼間の側から見ると白い雲とその下に大陸と海洋とがあり，夜の側から見ると人間の活動の様子すなわち人工光のきらめく夜景が見られる．

視点を変えて北極側から地球を見下ろしてみる．画面を引いていくと地球の周りに唯一の衛星・月があることが分かる．月は約38万km離れて地球の周りを公

 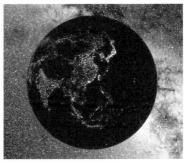

図1.3　昼の地球（左）と夜の地球（右）．背景の空（天の川の星々）が左図より
　　　明るく見えているのは地球の夜側を見やすくするためにコントラストを変
　　　えたためである（Mitaka 画面をキャプチャー）．

転している．地球は23時間56分 4 秒（1 恒星日）で 1 自転していて，月は約27.3
日で地球を 1 公転している[6)]．また，地球は 1 年（1 **太陽年**）かけて太陽の周り
を公転している．

　太陽系には 8 つの**惑星**が知られている．太陽に近い**水星**，**金星**，**地球**，**火星**は
岩石質の小型の惑星で「**地球型惑星**」に分類される．**木星**と**土星**は「**巨大ガス惑
星**」または「**木星型惑星**」，氷が主成分の**天王星**，**海王星**は「**巨大氷惑星**」また
は「**海王星型惑星**」と呼ばれる（5.4節参照）．

　水星と金星を除く各惑星は**衛星**を連れている．そして，おもに火星と木星の間
には岩石でできた**小惑星**が帯状に分布しており，ここを**小惑星帯**と呼んでいる．
小惑星帯にあるもの以外にも小惑星には，地球に近づくもの（**NEO**）や海王星
軌道の外側にある氷の小惑星などがある．発見された小惑星はすでに100万個を
超えている．海王星の先には**冥王星**やエリスのような複数の**冥王星型天体**
（I-3.2.2節）を含む**太陽系外縁天体**（**エッジワース-カイパーベルト天体**ともい
う），また，太陽に近づいて華々しい尾を見せることもある**彗星**も太陽系の仲間
である．このように太陽系にはたくさんの種類の天体が存在している（I-3章）．

　太陽系の果て，**オールトの雲**は太陽から 1 万〜10万 au の距離まで球殻状に拡
がっていると予想されている．人類はまだオールトの雲を目撃してはいないが，

6 ）地球から見た月の満ち欠けの周期は約29.5日である．

図1.4　太陽系の8惑星の大きさの比較（Mitaka画面をキャプチャー）

彗星はそこからやってくると考えられている．そして，太陽系を飛び出すと，一般には光年が距離の単位として使われる．しかし，直接測定が可能な量は**年周視差**であるので，天文学では，角度の秒単位で測った年周視差の逆数で定義される**パーセク**（pc）が距離単位として用いられることが多い（1 pc＝3.26光年）（コラム「トピック」参照）．

　太陽系から一番近い恒星ケンタウルス座α星（αケンタウリまたはαCenと記す場合もあり）までが4.3光年．つまり，私たちが光や電波といった**電磁波**を用いてここに信号を送ると到達するまでに4.3年かかる．

　図1.6では，太陽系外惑星（6章）が見つかっている恒星を◇で囲んで表示し

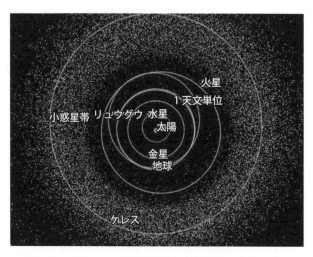

図1.5　太陽系の中心領域（Mitaka画面をキャプチャー）

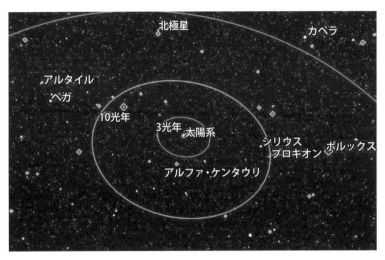

図1.6　近隣の恒星の分布．◇は太陽系外惑星（6章）が見つかっている恒星
（Mitaka 画面をキャプチャー）．

てある．αCen（アルファ・ケンタウリ）やポルックスには惑星が見つかってい
て，シリウス，ベガなどには見つかっていない．

　宇宙を観測する場合，遠くにあるものほど，光が伝わるには時間がかかるた
め，昔の状態しか見えない．観測可能な宇宙は4次元（空間3次元＋時間）で考
える必要がある．太陽系を含む巨大な星の渦巻きが天の川銀河である．天の川銀
河の円盤は端から端まで約10万光年あり，太陽系は中心から約2万8千光年付近
に位置している（図1.2）．天の川銀河には，1千億を超える恒星（太陽のように
自ら輝いている星）が存在する．そして，恒星の周りには，いままさに次々と惑
星が見つかっている（6章）．

　宇宙は銀河でできている．このうちアンドロメダ銀河は，私たちの網膜で，光
の粒々（光子）を捉えられる一番遠くの天体である．これより遠い宇宙にも莫大
な数の銀河があるが，肉眼では見えず望遠鏡で調べて距離や位置を測っている．
アンドロメダ銀河まで250万光年．つまり，私たち人類は250万年間宇宙を旅した
光子を自分の目で捉えることができる．

　銀河の分布に注目しよう（図1.7）．図1.7に模式化して示したように，宇宙全
体では銀河の分布は密なところと疎のところがあり，**宇宙の大規模構造**または泡

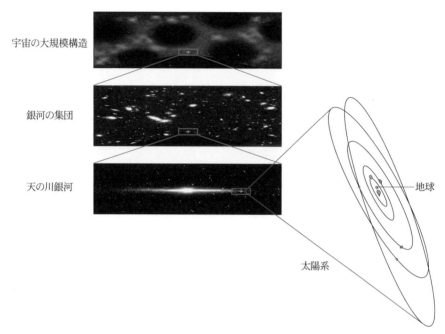

宇宙の大規模構造

銀河の集団

天の川銀河

地球

太陽系

図1.7　宇宙の構造（太陽系-天の川銀河-銀河の集団—宇宙の大規模構造）

構造と呼ばれる．宇宙の大規模構造には，**銀河群**（数十個以下の銀河集団），**銀河団**（１千万光年以内の範囲に数千個程度の銀河），**超銀河団**（数億光年サイズ，複数の銀河団の集まり），**ボイド**（サイズは超銀河団に匹敵するが銀河のほとんどない空洞領域）という階層的な構造が見られ，さまざまな構造がフィラメント状の銀河分布で繋がっている（７章）．

　そして，観測できる宇宙の果ては宇宙の始まりでもある．現在では宇宙は138億年前にビッグバンによって誕生したと考えられている．電磁波で観測されているもっとも遠くの宇宙は，ビッグバンから約38万年後の宇宙の晴れ上がりの姿で，このときに放たれた光は，絶対温度で約３Kに相当する黒体放射として空のあらゆる方向から飛来してきている．これは宇宙マイクロ波背景放射と呼ばれる（詳しくは８章参照）．

■ **トピック**

どうやって星までの距離を測るのか　年周視差

図1.8左のように三角測量によって，物差しで測れない場所でも距離を測ることができる．恒星までの距離は遠いので図1.8右のように地球の公転運動を基線代わりに用いて，天球上の天体の位置の変化を記録する．図中に示した角度で1″となる距離が1パーセク［pc］．**ガイア衛星**は，10万分の1秒角レベル（約30万光年先）で年周視差を測定できるが，それより遠方の宇宙は直接測定できない．

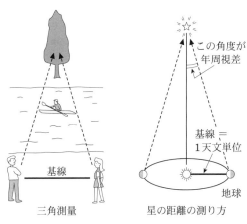

三角測量　　　星の距離の測り方

図1.8　年周視差

章末問題

1. 宇宙の中で私たちの住む地球は特別な星といえるだろうか？
   ①一般的なありふれた惑星，
   ②他には例が少ないきわめて特殊な惑星
   という 2 つの考えのそれぞれの妥当性について検討せよ．
2. 銀河は宇宙空間にどのように分布しているか？　本章と7.3節を参考に考察せよ．

第 **2** 章

太陽

太陽は夜空の星々と同じ自ら光り輝く恒星である．太陽や恒星はあまりに高温であるため，固体，液体では存在することができず，構成している原子はプラス（＋）の電荷をもった陽イオンとマイナス（−）の電荷をもった電子に分かれている．これらの電離した粒子が自由に運動している状態を**プラズマ**といい，太陽や恒星は高温のプラズマからできている．また，太陽や恒星は磁場に彩られた天体でもある．このような恒星はどのような素顔をしているのだろうか．数多く存在する恒星の中でも，太陽は地球からの距離が近く，詳細な構造まで観察できる唯一の恒星である．この章では，太陽の構造や現象，太陽が地球に与える影響などについて解説する．

2.1 太陽のエネルギー

2.1.1 太陽中心での核融合

太陽のエネルギー源は，太陽の中心核で起きている**核融合**反応である．太陽の中心部は約1600万度と高温であるため（図2.1），水素原子はプラス電荷をもつ原子核とマイナス電荷をもつ電子に分かれ高速で動いている．さらに，太陽中心は密度が高いため，高速で動きまわる水素の原子核同士の衝突が起きる．その結果，4個の水素原子の原子核が1個のヘリウム原子の原子核になる核融合反応が起き，この反応を通して莫大なエネルギーが太陽で生まれている．

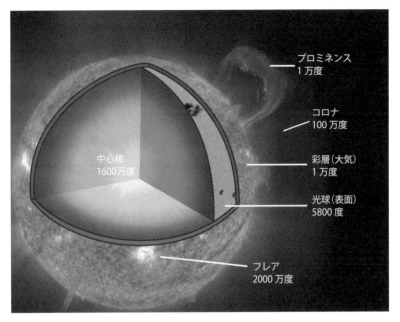

図2.1　太陽内部から大気までの構造と温度（ISAS/JAXA）

2.1.2　なぜ核融合でエネルギーが生まれるのか

　核融合反応について詳しくは10.2.1節を参照していただくことにし，ここでは核融合で発生するエネルギーについて考えていくことにする．太陽中心で起きている核融合の反応前後を表すと，

　　反応前）質量 1 の水素原子核 4 個

　　反応後）質量 4 のヘリウム原子核 1 個＋エネルギー

となる（水素原子核のことを**陽子**，ヘリウム原子核のことを α 粒子ともいう）．反応式として書くと次のように表せる．

$$4{}^1\mathrm{H} \rightarrow {}^4\mathrm{He} + \text{エネルギー}$$

化学記号の左上の数字は，その元素の**質量数**を表している．水素の質量数を 1 とすると，ヘリウムの質量数はその 4 倍の 4 という意味である．

　さて，反応後に出てくる‘エネルギー’はどこから来ているのだろうか．上記を見ると反応前後で 4 個の水素原子核から 1 個のヘリウム原子核に変わっても，

全体の質量は同じになるように思われる．ところが，厳密に調べると全体の質量は反応後の方が軽くなっている．この失われた質量がエネルギーに変わる．

　反応前後の質量を厳密に求めてみよう．水素原子核1つの重さは約1.673×10^{-27}［kg］より，反応前の水素原子核4個分の重さは約6.690×10^{-27}［kg］となる．一方，反応後のヘリウム原子核1個の質量は6.645×10^{-27}［kg］である．

　　　反応前の質量）水素原子核4個の質量：6.690×10^{-27}［kg］

　　　反応後の質量）ヘリウム原子核1個の質量：6.645×10^{-27}［kg］

　　［失われた質量］＝［反応前の質量］－［反応後の質量］＝0.046×10^{-27}［kg］

反応前の全質量の1％以下ではあるが，反応後の質量の方が軽くなっている．質量とエネルギーは等価であるため，この軽くなった質量がエネルギーに変わる（エネルギーEと質量mの関係は，$E = mc^2$と表せる．詳しくは8.1.1節参照）．上記の水素原子核4個だけで生み出されるエネルギーは水1グラムの温度を10^{-12}度しか上昇できない程度のエネルギーである．しかし，1kgの水素原子核がヘリウム原子核に変わると，100万トン（10^9 kg）の水を沸騰させるだけのエネルギーが放出される．しかも，太陽では，1秒間に約6億トン（6×10^{11} kg）の水素原子核が核融合反応を起こしてヘリウム原子核に変わっている．そのため，1秒間に400万トン（4×10^9 kg）以上の質量が失われ，それらがエネルギーに変わるため，太陽は1秒間に莫大なエネルギーを生み出している．このようにして太陽の中心部で生まれたエネルギーが熱や光として内部を伝わり，表面まで到達したのち我々に届くことになる．

■ トピック

熱の伝わり方 ～放射，伝導，対流～

　熱の伝わり方には，'放射'，'伝導'，'対流'の3種類がある．'放射'は，電磁波によって熱が伝わる現象である．たとえば，炭に火を点けると，炭火に直接触れず離れていても我々は温かく感じる．これは炭火から**赤外線**（電磁波の一種）が放射され，我々の体の分子がその赤外線を吸収することで体が暖まるからである．赤外線は，電磁波の中でももっとも物質を暖める性質があるため，この性質を利用してストーブでは赤外線が使われている．

　'伝導'は，物質の中を熱が伝わる現象である．たとえば，鉄の棒の端を持ち，反対側の端を火に近づけるとする．初めは，火に近い側の端だけが熱くなるが，時間とともに熱が伝わり，手に持っている側まで熱くなる．このように鉄の棒は動いていなくても，鉄の中を熱が伝わっている．このように物質の中を熱が伝わる現象が'伝導'である．お風呂や温泉で体が温まるのも'伝導'である．

　'対流'は，気体や液体が移動することによって熱を伝える現象である．たとえば，鍋に水を入れ，コンロで火にかけるとする．コンロの火の近くにある鍋底の水の温度が上がり，その部分の水の体積が膨張する．体積が膨張することで密度が小さくなり軽くなるため浮上する．その水の動きによって，温められた水が上部に移動し，熱が上に伝わる．この熱の伝わり方が'対流'である．

2.2　太陽表面（光球）

　天体望遠鏡を通して太陽を投影すると，綺麗な円形を見ることができる．この円の輪郭が太陽表面である．この節では，太陽表面について解説する．

2.2.1　物質の状態

　太陽から届く可視光を減光して太陽を撮影すると，図2.2のようなくっきりとした輪郭の太陽像を見ることができる．これが太陽表面である．我々が住む地球の場合，地球表面は岩石などの固体で形成され，海には液体の水が存在している．一方，太陽ではその表面温度が約5800度と高温なため，固体や液体では存在することができず，原子はプラス（＋）の電荷をもった陽イオンとマイナス（−）の電荷をもった電子や陰イオンに分かれている．このように粒子が電離し，プラスとマイナス電荷を持ったイオンや電子に分かれ，自由に運動している状態を**プラズマ**という（プラズマは中性気体とも異なった状態であるため，固体，液体，気体につぐ物質の第四態ともいわれている）．太陽はプラズマからできており，太陽表面の層を「**光球**」という．

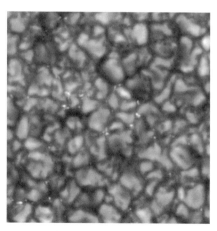

図2.2　可視光域の光で見た太陽像（撮影：
　　　 SDO 衛星）

図2.3　粒状斑（撮影：ひので衛星）

2.2.2　粒状斑

　図2.2を見ると，太陽表面はツルッした印象を受ける．しかし，太陽表面（光球）を拡大して見てみると，図2.3のような粒々構造をしていることが分かる．この粒々構造を粒状斑（りゅうじょうはん）と呼ぶ．粒状斑1つの大きさは約1000 km である．

　粒状斑の中央部分では太陽内部から太陽表面に向かってプラズマが上昇し，周縁では逆に太陽表面から太陽内部に向かって下降している．この粒状斑内のプラズマの動きは，太陽内部の熱が対流によって太陽表面に運ばれていることを表している（I-2.1.2節のコラム「トピック」参照）．この太陽表面付近で起きている対流を，表面の上方から観察すると粒状斑として見ることができる．

■ 発　展

可視光画像から光球の温度構造が分かる

　太陽を可視光域の光で観測した画像（図2.2）を見ると，太陽面中心付近が明るく，縁にいくほど暗くなっていることに気づく．これを周縁減光（周辺減光）という．この周縁減光から光球の温度構造を読み取ることができる．

霧がかかると遠くまで見通すことができず，見える限界がある．これと同じで，地球から太陽を観察した際，太陽を見通せる限界がある．右図は太陽の断面を表し，地球から太陽を見たときの見通せる深さを表している．太陽中心付近を観察する場合，太陽の A 地点の深さまでを見通すことができ

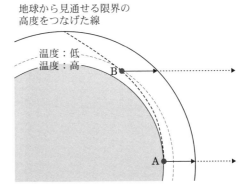

地球から見通せる限界の
高度をつなげた線

温度：低
温度：高

B

A

る（地球は，図の右側）．一方，太陽の縁付近にくると，A 地点よりも上部の B 地点までしか見通せない．

　図2.2を見ると，太陽中心付近（上図では A 地点に対応）の方が明るく，縁付近（上図では B 地点に対応）の方が暗い．これは，A 地点の方が B 地点よりも放射される光の量が多いためで，A 地点の温度の方が高いことを意味している．このことから光球は高度が上がると（A の高度から B の高度に向かって），温度が下がることが読み取れる．

2.3　黒点

2.3.1　黒点とは何か

　別の日の太陽を見ると太陽表面に黒いシミのような模様が見える（図2.4左）．この黒い模様のことを「黒点」という．黒点には大きさが数10万 km にもおよぶ大黒点もあるなど大小さまざまであるが，典型的な大きさは数万 km である．黒い点と書いて黒点であるが，単なる黒い点ではない．2006年 9 月23日に日本が打ち上げた「ひので」衛星によって撮影された詳細な黒点画像を見ると，中央に黒い部分があり，その周りに放射状に伸びた灰色の筋模様があることが分かる（図2.5）．中央の黒い部分のことを「暗部」，放射状の筋模様のことを「半暗部」といい，黒点は暗部と半暗部から成り立っている．

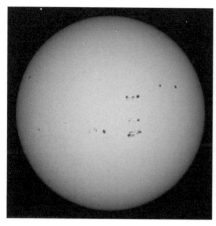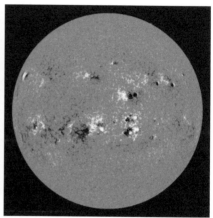

図2.4　2014年4月17日の太陽像．（左）可視光域の光で見た太陽像（撮影：SDO衛星），（右）太陽の磁場分布図（撮影：SDO衛星）．

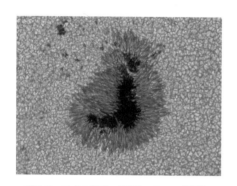

図2.5　黒点の構造（撮影：ひので衛星）

　黒点を毎日観測していると，黒点は画像の左側から右側に移動し，右側の端に消えた約2週間後に左側から同じ黒点が出てくることがある．このことから，太陽は赤道付近では約27日の自転周期で自転していることが分かる．

　さて，黒点とはなんだろうか．そこで，図2.4右を見ていただきたい．図2.4左とほぼ同じ時刻に観測した太陽の磁場分布図である．黒点のある部分を図2.4右で見ると，白色や黒色をしていることが分かる．白色は磁極のN極，黒色はS極を表しており，黒点は大きな磁石の切り口であるといえる（次ページのコラム「トピック」参照）．黒点はペアで現れることが多く，ペアで現れた黒点の1つの極性がN極なら，もう1つの黒点はS極をしており，ペアで異なる極性を持っている．

　太陽の北半球と南半球を意識して図2.4を見てみると，北半球ではペアの黒点のうち，自転方向に対して先行する黒点（先行黒点）がS極，後続の黒点（後

続黒点）はN極をしている．一方，南半球では先行黒点がN極，後続黒点がS極をしており，北半球と南半球で極性が逆になっていることが分かる．

　黒点の磁石の強さは約2000-3000ガウスである．地球上でコンパスのN極の針が北極に向くことから地球にも磁石があることが分かる．日本付近での磁場の強さは約0.5ガウスで，黒点の磁場の強さは地球磁場に比べて非常に強い．

■ **トピック**

磁力線と磁場

　磁石には，一端にN極，もう一端にS極の磁極が必ず存在する．その磁石を半分に切断しても，切断された2つの磁石それぞれの一端にはN極，もう一端にはS極がある．黒点はこのように磁石を切った切り口といえ，磁極がある．

　磁極のN極とS極は引き付けあい，N極とN極，S極とS極のように同極同士は反発しあう．方位磁石を使うと，針のN極側が北側を向くことから，現在の地球の北極側にはS極の磁極があることが分かる．また，磁石のまわりに砂鉄をまいてみると，砂鉄は筋状の模様に並ぶ．これは磁力線を表しており，磁力線はN極から出てS極に向かっている．磁極間の力は磁力線に平行に働き，磁石による力の働く空間を「磁場（磁界）」という．

2.3.2　黒点はなぜ黒く見えるのか

　黒点はなぜ黒く見えるのだろうか．それは，黒点の周りの太陽表面の温度が約6000度に対し，黒点は約4000度と周りの太陽表面よりも温度が低いことにある．では，なぜ温度が低いと黒く見えるのだろうか．黒点に限らずどんな物体であっても温度に応じて光を出す性質がある．これを**熱放射**という（理想的な物体（黒体）の熱放射のことを**黒体放射**という．A8節参照）．そして，物体の密度が同じであれば，温度が上がるとその物体から出てくる光の量が増え，逆に温度が下がると物体から出てくる光の量が減る．黒点は周りよりも温度が低いため，黒点から出る光の量は，周りの太陽表面から出てくる光の量よりも弱くなる．そのた

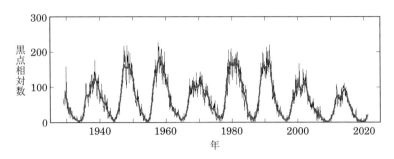

図2.6　黒点相対数の変化（国立天文台）

め，黒点が暗く（黒く）見える．

　今度は，黒点はなぜ周りよりも温度が低いのか考えよう．I-2.2.2節で説明したように太陽内部の熱は対流によって太陽表面に運ばれてくる．しかし，磁場の強い領域では，対流が起きにくい．黒点は磁場が強い領域であるため，対流が起きにくく太陽内部の熱が黒点部分には伝わりにくい．その結果，黒点の温度が周りの太陽表面よりも低くなる．

2.3.3　増減を繰り返す黒点

　図2.2を見ても分かるように黒点はいつも太陽面にあるわけではない．黒点数の経年変化を示したのが図2.6である．縦軸は**黒点相対数**，横軸が観測した年である．黒点相対数とは，黒点の集まり（黒点群）の数や黒点の総数を数え，それらの値と観測機器や観測条件，観測者による差を補正する係数をもとに求められる．ここでは細かいことは気にせず黒点数と思ってよい．図2.6を見ると，黒点数が約11年で周期的に増減を繰り返していることが分かる．

　黒点数が極大になる前後数年の時期を極大期といい，太陽の活動が活発になる．一方，黒点数が極小になる前後数年を極小期といい，太陽活動が弱くなる．そのため，太陽活動も11年周期で変化する．

　黒点の磁場の極性は，連続する極大期を比較すると変化していることが分かる．図2.4右では北半球の先行黒点の極性はS極，後続黒点の極性はN極をしている（I-2.3.1節参照）．次の極大期，または，直前の極大期では北半球の先行黒点の極性はN極，後続黒点はS極をしており，極性が変わっている．そのため，

黒点の磁場の極性も考慮に入れると，太陽活動は22年周期で変化している．

2.3.4　黒点の形成と消滅

約11年周期で黒点の数が増減することからも分かるように，同じ黒点が太陽表面にずっと存在しているわけではない．黒点は生まれて消滅していく．黒点が形成される際には，図2.5のような黒点がいきなり生まれてくるわけではない．はじめはペアとなる小さな暗部が太陽表面にいくつか出てくる．小さな暗部のペアでは，その磁場の極性が異なっている．その後，同じ極性を持った小さな暗部が合体し大きな暗部になるとともに，暗部の周りに半暗部が現れ，大きな黒点へと成長する．黒点が消滅する際には，形成とは逆に大きな黒点がいくつかの小黒点に分裂し，その後，徐々に小さくなり消滅していく．

2.4　彩層とコロナ

2.4.1　彩層とプロミネンス

皆既日食の際に月が太陽を完全に覆い隠した直後や，月が太陽から離れ光球の光が見える直前，太陽の縁に薄い赤みがかった色をした層を見ることができる．この層は光球のすぐ上部に位置する太陽の外層大気で，「彩層」と呼ばれている．彩層の温度は数1000 – 10000度程度で，厚みは約2000 – 10000 km である．

皆既日食以外でも水素の Hα 線（波長656.3 nm）で太陽を観測することで，彩層を見ることができる（A7.3-A7.4節参照）．図2.7は，図2.4左と同じ日の Hα 線画像である．これらを比較すると，Hα 線画像では太陽面に黒点だけでなく，白い領域や筋模様が見られることが分かる．この白い領域をプラージュといい，磁場の強い領域で黒点の周囲によく見られる．筋模様はダーク・フィラメントと呼ばれ，太陽の自転によって太陽の縁までくると，図2.8のように太陽の縁に浮かぶ明るい構造として見える．これをプロミネンスといい，ダーク・フィラメントとプロミネンスは太陽面にあるか縁にあるかで見え方と名称が変わるが同じものを表している．

プロミネンスは約5000 – 10000度のプラズマでできている．プロミネンスには，

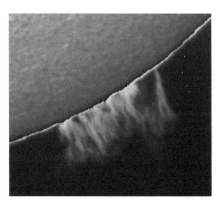

図2.7　2014年4月17日の太陽のHα線画像　　図2.8　プロミネンス（撮影：国立天文台）
（撮影：京都大学花山天文台）

静穏型プロミネンスと活動型プロミネンスの2種類がある．静穏型プロミネンス
は数週間ほど同じような形を保ち，なかには数か月も存在しているものもある．
典型的なサイズは，長さが20万km，幅が6000km程度である．また，高さが
50000km程度もあるため，厚みが2000kmから10000km程度の彩層を超え，そ
れより上層のコロナにプロミネンスは位置している．コロナは数100万度の大気
であるため，そこに1万度程度の冷たいガスが浮いていることになる．地上から
浮いている地球の雲と比較すると，雲は大気の上昇気流によって浮いているが，
プロミネンスは磁場の力で浮いている．

　静穏型プロミネンスが突然上昇し，噴出することがある．これは活動型プロミ
ネンスの一種である．活動型プロミネンスには，もともとプロミネンスが存在し
ないところからジェット状に噴出するサージなどもある．

2.4.2　コロナ

　皆既日食になると，明るい光球が月によってすべて隠され，夜空のように空は
暗くなる．そうすると，真っ暗の太陽から淡い真珠色の構造が遠くまで伸びてい
るのを見ることができる．これを「コロナ」といい，太陽のもっとも外層にある
大気である．皆既日食のときだけコロナを肉眼で見ることができる．なぜなら光
球から出る光はコロナから出る光の約100万倍も強く，普段は光球からの強い光

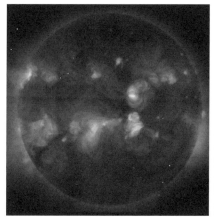

図2.9　X 線画像（左）極大期（2014年 4 月17日），（右）極小期（2020年 2 月 5 日）（撮影：ひので衛星）．

が届くため，コロナの弱い光を見ることができないからである．

　皆既日食でのスペクトル観測を皮切りにコロナの研究が進み，コロナは光球や彩層よりも温度が高く，数100万度もあることが分かった．I-2.3.2節でも説明したように物体にはその温度に応じて光を出す性質がある（A8 節参照）．100万度くらいの高温になると**X 線**を出すため，数100万度のコロナから放射される X 線を観測すれば皆既日食時以外でもコロナを見ることができる．しかし，X 線は地球大気によって吸収されるため，地上には X 線は届かない．そのため，X 線で太陽や天体を観測する場合，人工衛星を打ち上げて観測する必要がある．

　図2.9左は「ひので」衛星（QR コード）によって観測された X 線画像である．色の白いところは X 線が強く出ているところ，暗いところは X 線の弱いところである．同じ日に観測された可視光
像の図2.4左と比較すると，黒点の上空では X 線が強く出ていることが分かる．この X 線の強い領域を活動領域という．活動領域をはじめ，X 線画像ではループ構造が見られる．このループ構造のことを**コロナループ**といい，磁力線を反映している．

　図2.9左は極大期の X 線画像で，活動領域が数多く見られる．一方，図2.9右は極小期の X 線画像で，太陽面に大きさが数千〜数万 km 程度の小さな X 線輝

点（X-ray bright point; XBP）がたくさん見られる．日本が1991年8月30日に打ち上げた「ようこう」衛星以前では，それまでの観測からX線輝点の数は黒点の11年周期と逆相関すると考えられていた．しかし，「ようこう」衛星によって11年周期を通してX線輝点の数はほぼ一定であることが分かった．

　図2.9を見ると，南北の極域は暗くX線が弱い．この領域を**コロナホール**という．コロナホールでは磁力線が惑星間空間に開いた構造をしている．その開いた磁力線に沿ってプラズマが**太陽風**として宇宙空間に逃げ出しているため，コロナホールのプラズマの密度は小さくなり暗く見えている．

2.4.3　フレア

　太陽をX線で観測すると，活動領域が突然明るく増光することがある．これは太陽**フレア**と呼ばれる太陽面爆発である．太陽フレアは，コロナ中に蓄えられた磁気エネルギーがプラズマの熱エネルギーや運動エネルギーに急激に変換される現象である．フレアで解放されるエネルギーは$10^{22}-10^{25}$ J（ジュール）で，1回のフレアで解放されるエネルギーですら世界の年間発電電力量（10^{20} J）よりも大きい（ジュールとはエネルギーの単位．1 gの水を1度上げるには4.184 Jが必要）．エネルギーが小さいフレアほど発生頻度は高くなる．

　フレアが発生すると，Hα線で観測できる彩層でも明るく増光する．また，特に強いフレアでは，可視光観測においても太陽面に増光が見られる．このフレアのことを特に「白色光フレア」という．

　近年のX線観測によって，マイクロフレア（$10^{19}-10^{22}$ J）やナノフレア（$10^{16}-10^{19}$ J）といった解放エネルギーの小さいフレアが多く発生していることが分かり，これらも注目されている．

　X線の中でも波長が0.1 - 10 nm程度のものを軟X線という．静止軌道にあるGOES衛星は，太陽全面から届く軟X線強度を測定している．フレアが発生すると軟X線の強度が増え，一番高くなったときの強度でフレアの規模を分類している．**GOES X線クラス**は，低いものから順にA，B，C，M，Xクラスといい，Xクラスフレアが一番大きなクラスとなる．クラスが1つ大きくなると軟X線の強度は10倍強くなる．太陽活動周期でみると，極大期の方が極小期よりもフレアの発生頻度が高く，また，大きなクラスのフレアが発生する（フレアが

地球に及ぼす影響については I–2.5 節参照）.

2.4.4　コロナ質量放出現象（CME）

　光球からの明るい光を遮ってコロナを観測するために，遮蔽盤を用いて人工的な日食状態を作りながら観測する**コロナグラフ**という装置がある．そのコロナグラフで観測した画像が図2.10である．中央の濃いグレー色の円が遮蔽盤，その中の白い円が太陽の大きさを表している．この画像で映っている範囲は，太陽中心から3.5太陽半径〜30太陽半径までの広さのコロナである．ところどころに見える小さな白い点は，遠くの恒星である．

　図2.10を見ると，画像の上側にループ状の広がった構造やその内部に明るい塊が見える．連続観測すると，この構造は太陽から惑星間空間に向かって飛び出していることが分かる．これはコロナのプラズマが大量に惑星間空間に放出される現象で，**コロナ質量放出現象**（Coronal Mass Ejection; 以降は CME と略す）と呼ばれている．CME に伴って，コロナのプラズマとともにプラズマが巻き付いている磁力線も**惑星間空間**に飛び出している．

　CME の典型的な構造は 3 層構造をしている．図2.10の上部に裸電球の輪郭のような形状をした明るいループ構造（またはシェル構造）が見える．このループ構造と太陽の間には，明るい塊が見える．これはプロミネンスである．そして，明るいループ構造とプロミネンスの間には空洞がある．CME の外側から順にみると，1）明るいループ構造，2）空洞，3）プロミネンス，の3層構造をしている（プロミネンスの見られないCMEもある）．

　1個の CME で惑星間空間に放出される質量は10^{12}–10^{13} kg（10

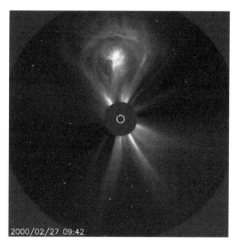

2000/02/27 09:42

図2.10　コロナグラフで観測された CME（2000年2月27日：撮影：SOHO 衛星）

億－100億トン）である．放出する速度は秒速100－2000 km 程度で，地球に向かって放出された場合，通常 2 － 4 日後に地球に到達する．CME 1 個の全運動エネルギーは10^{22}－10^{25} J 程度で，フレアで解放されるエネルギーに匹敵する．太陽活動周期を通してみると，極大期の方が極小期よりも CME の発生頻度は高く，1 日に数個の CME が発生している．また，極大期の方がより激しい CME が発生する．

2.4.5 太陽風と太陽圏

CME が少ない極小期にコロナグラフで連続観測をすると，太陽から惑星間空間に向かってガスが流れるように出ているのが分かる．この惑星間空間に向かって出てくるガスの流れを太陽風という（CME の場合はプラズマの塊が噴出するように太陽から飛び出すことが多い）．**太陽風**は，コロナ中の電子や陽子などを主成分とし，極小期に限らず極大期も含めて絶えず太陽から出ている．

太陽風には，秒速700－800 km の高速風と秒速300－400 km の低速風がある．高速風はコロナホールから吹き出しており，その密度は$1 cm^3$の中に陽子や電子が数個入っている程度で低速風よりも小さい．低速風は，「ひので衛星」の観測によりコロナホールの境界部にある活動領域の端から出ていることが分かった．

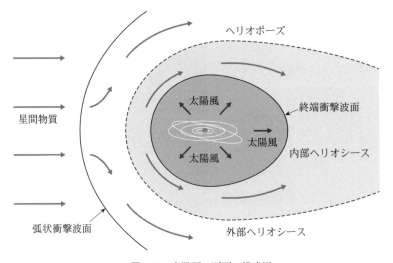

図2.11　太陽圏の断面の模式図

　太陽風は，太陽から遠くに離れるにつれて弱まり，星間空間のガスの圧力と釣り合ったところで太陽風の流れは止まる．この太陽風の届く範囲を**太陽圏**といい太陽圏の境界面を太陽圏界面（ヘリオポーズ）という（図2.11）．太陽風はどこまで届いているのだろうか．1977年にアメリカが打ち上げた探査機ボイジャー1号と2号が2012年と2018年に実際に太陽圏を脱出した．太陽から約30 au（天文単位）離れたところを公転している太陽系の最遠の惑星である海王星をはるかに超え，太陽風は約120 au まで届いていることがボイジャーの観測から分かった．

2.5　太陽が地球に与える影響

2.5.1　短期的な影響

　太陽フレアが発生すると，X線や紫外線も含めさまざまな波長の光が強く放射され，約8分20秒後に地球に届く．地球に急激に大量のX線や紫外線が届くと，地上から約70-100 kmの電離層の下層領域での電離度が異常に増える．それにより，通常であれば電離層で反射される短波帯（周波数3 MHz〜30 MHz）の電波が，電離層で吸収されるため電波障害・通信障害が発生する．この現象を**デリンジャー現象**という．

　地球に向かってCMEが放出されると，通常2-4日で地球に到達する．地球も磁石のようになっているので磁場がある．CMEが地球の**磁気圏**に衝突しても，地球の磁力線がCMEの大量のガス等から守ってくれているため，地上に直接的にCMEのプラズマが届くことはない．しかし，CMEが磁気圏に衝突することで，地球の磁力線が変形する．その影響で，地上の地磁気が大きく乱れる磁気嵐という現象がおきる．磁気嵐が発生すると，送電線やパイプラインに（磁場の時間変化によって起きる）誘導電流が流れ，それによってシステムに障害が発生する場合がある．過去にはこれが原因で大規模な停電が発生したこともある．

　大きなフレアやCMEが地球に向かって発生すると障害だけが起きるわけではない．太陽から地球に向かって放出されたプラズマは，最終的に地球の磁力線に沿って南北の極に降り注ぐことがある．降り注いだプラズマが，地球大気の分子や原子と衝突することで，分子や原子が発光する．これが**オーロラ**である．

2.5.2　長期的な影響

　黒点は約11年周期で増減を繰り返している（I-2.3.3節参照）．しかし，1650年頃から1710年頃までの間，黒点が異常に少ない時期があった．この時期をマウンダー極小期（または，モーンダー極小期）といい，イギリスのテムズ川が凍るほど気温が低かった．

　それより以前の太陽活動については，木の年輪に含まれる炭素の**放射性同位体**（^{14}C）の含有量から調べられている．その結果，1420 – 1530年（シュペーラー極小期），1280 – 1340年（ウォルフ極小期）頃も長く黒点の少ない時期があり，また，これらの時期でも地球の気温が低かったことが分かっている．黒点の少ない時期が長く続くとどうして地球の気温が下がるのか，その原因はまだ分かっていない．

章末問題

　太陽の寿命は約100億年（＝10^{10}年）である．仮に，太陽が寿命のつきるまで毎日 3 個の CME を放出し続けたとすると，宇宙空間に放出される CME の全質量は太陽の質量（2×10^{30} kg）の何％分に相当するか．CME 1 個で宇宙空間に放出される質量を10^{12} kg とする．

第3章

太陽系の多様な世界

太陽系は，天の川銀河にある一つの恒星，太陽，とその周りを公転する8つの惑星と多数の小天体（**小惑星，太陽系外縁天体**[1]，**彗星**など，太陽系小天体と総称される），さらに各惑星の周りを公転する**衛星**などからなっている．太陽系の第3惑星である地球まで，太陽からは約1億5千万km．この太陽−地球間の平均距離を**1天文単位**（1 au）と呼ぶ（A4節参照）．太陽から土星まではおよそその10倍の10 au，太陽系外縁天体の冥王星までは40 au，太陽系の果てにあるオールトの雲までが，およそ1万〜10万 au である．

本章においては，地上からの観測のみならず，1960年代以降の月・惑星探査機による直接探査の成果も含め，太陽系の姿を解明する最新の取り組みを紹介する．

3.1 地球と月

3.1.1 地球の衛星・月の基本情報

月は毎日，その形を変えていく．三日月，上弦，満月，下弦，そして新月となって約29.5日の周期を持つ．これを朔望月と呼ぶ．太陰暦や太陰太陽暦は，この**月の満ち欠け**を暦として利用している（A3.3節参照）．地球から月までの平均距

---

1) 太陽系外縁天体のうち，冥王星のような比較的大型の天体を冥王星型天体と呼ぶ（冥王星型天体に加えて小惑星帯のケレスも含め準惑星とも呼ぶ場合もあるが，日本学術会議では準惑星という分類を推奨していない）．

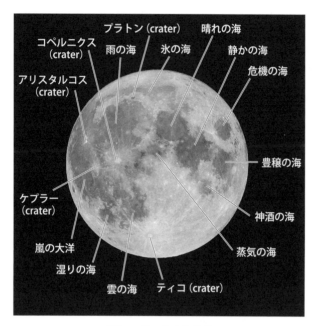

図3.1 月のおもな地形

離は約38万 km, これは地球を30個横に並べた距離に等しい. また, 直径は約3475 km でおよそ地球の1/4サイズである. 惑星と衛星の直径の比率としては, 他の太陽系惑星とその惑星を公転する衛星との関係に比べ, 月は極端に大きな衛星である. なお, 月の公転軌道は真円ではなく, 楕円を描いているため, 地球からの距離が約35万〜40万 km 程度変化することに留意する必要がある (金環日食・皆既日食の違いなど. Ⅱ-1章参照). なお近年, 大きく見える満月を**スーパームーン**と呼び, 多くの人が注目するようになっているが, スーパームーンは学術用語ではないので注意しよう.

　人は古くから月の白く輝いている部分を陸, 黒い模様の部分を海と呼んできた. 肉眼ではよく分からないが, 天体望遠鏡で見ると, 表面の凸凹や影の様子が分かる. 山脈や谷のほか, 大小さまざまな**クレーター**に月全面が覆われている. クレーターのなかで特に目立つのは, ティコとコペルニクス. 光条の伸びた様子は満月の頃もっともよく分かる. うさぎの模様の耳は大きいほうが豊穣の海, 小さいほうが神酒の海, 顔は静かの海, 首が晴れの海, 胴体が雨の海である. 海と

いっても，月の海には水があるわけではなく，地下から染み出た溶岩によって覆われた地形である．地球の平均密度5.51 g/cm^{3}に比べ，月の平均密度は3.34 g/cm^{3}と小さい．月の起源については，古くからある地球の双子説やたまたま通りかかった他人説は否定されていて，**巨大衝突（ジャイアントインパクト）説**が有力とされている．地球が形成されて間もない頃に，火星サイズ（地球の1/10の重さ）の天体が地球に衝突したことで，飛び散った物質が地球の周りに塊を作り，それが月に成長したという説である．

●例題（月への素朴な疑問）

　子ども科学電話相談に寄せられる小学生からの月への質問に答えてみよう．

Q1　月はなぜ，いつも自分についてくるのですか？

Q2　月はなぜ，同じ面しか見えないのですか？

Q3　月はなぜ，地球に落ちてこないのですか？

ヒント　Q1　地上の風景に対し，月はとても遠いため，仮に一瞬で地球の端まで移動できたとしても，天球上での見かけの月の位置は2°も変わらない．

Q2　月の自転周期と公転周期が一致しているから（27.3日）．ボールを月に見たてて試してみよう．

Q3　地球の周りを公転しているから．（引力と遠心力のつり合いと説明しても，または，慣性の法則にしたがって地球に落ち続けていると説明しても可）

3.1.2　月探査の目的と科学

　1960-70年代に行われた米国の**アポロ計画**では，1969年7月に人類が初めて他の天体の上を歩くなど国家プロジェクトとして大きな成果を成し遂げた．アポロのみならず一般に宇宙開発においては，科学目的よりも国家の威厳（安全保障を含む）と技術開発等の実用的な目的が主ではあるが，たとえば，アポロでは6回の着陸・帰還によって，合計387 kgの月の石を持ち帰り，これらの解析から太

陽系の年齢や月形成のヒントが得られた．また，月面に置いた反射板によって地球–月間の精密な距離測定が行われるなど，科学的な進歩にも大きく貢献した．

　1968年12月，人を載せて初めて月を周回したアポロ8号は，月から見た地球の姿を中継した．このとき，アポロ乗組員が撮った真っ暗な宇宙に浮かぶ丸い地球の写真から，国ごとの争いごとの無意味さや地球の有限さに多くの人びとが気づいたともいう．この丸い地球の上に数十億もの人類が生活していることを目の当たりにすると，多くの人は目先のことのみにとらわれるのではなく，グローバル（つまり globe〈地球〉規模で）に物事を考えるようだ．この気付きがアポロ最大の成果と捉える人たちもいる．

　2020年代，人類は再び，月への有人飛行を計画している．米国 NASA の**アルテミス計画**や月周回宇宙ステーション・ゲートウェイの他，中国も有人月探査を計画している．今後の宇宙開発は，民間の力の活用と国際協力を柱に，いわば，人類共通の挑戦を外交努力で全人類が協調的に実施する「平和的な安全保障の実現」であってほしいと科学者の多くは願っている．

3.2　太陽系のさまざまな天体

3.2.1　ケプラーの法則と天体の軌道

　天球上の複雑な動きは，動いている地球から動いている惑星を見ることによって起こるみかけの現象であるが，地球が宇宙の中心にあるという宇宙観（天動説）においては，**周転円**と呼ばれる円を組み合わせることで惑星の見かけの運動をある程度説明することができた．**ニコラウス・コペルニクス**が**地動説**を提唱した当時，地動説よりも**天動説**のほうが惑星の運動を正確に予想することができた．この理由は，実際の惑星軌道は楕円なのだが，コペルニクスを含め誰も惑星の軌道は円であると信じて疑わなかったからにほかならない．

　地動説を支持したことで有名な**ガリレオ・ガリレイ**は，自作の屈折望遠鏡を用いて，天体観測を行った結果，木星の周りを4つの衛星が公転していることに気づいた．このことは，「すべてが地球を中心とする」体系の否定そのものだった．また，金星が月のように満ち欠けし，さらに，視直径が変化していることに気づ

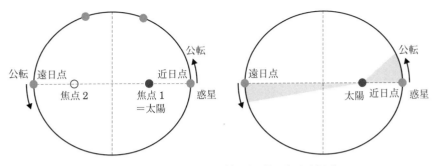

図3.2 ケプラーの第一法則（左図），第二法則（右図）

いた．これは，金星が太陽の周りを公転していなければ説明できない．

ガリレオとほぼ同時代，**ティコ・ブラーエ**も惑星の運動を克明に記録し，宇宙体系を明らかにしようとした．残念ながら当時の観測精度では，地球が公転している証拠をつかむことができず，彼は地動説を否定して世を去った．しかし彼の共同研究者である**ヨハネス・ケプラー**は，ティコが残した長年の観測データを用いて，惑星の運動に関する3つの法則を経験則として明らかにした（**ケプラーの法則**）．

第一法則：　惑星は，太陽を一つの焦点とし，惑星によりそれぞれ決まった形と大きさの楕円軌道上を公転する．

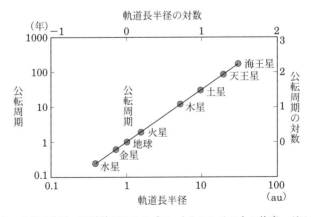

図3.3 ケプラーの第三法則．両対数グラフにプロットしていることに注意．グラフの傾きは対数目盛で3/2＝1.5となる．

表3.1 太陽, 惑星, 冥王星, 月の諸データ

天体名	軌道長半径 (au[*1])	公転周期 (年)	会合周期 (日)	赤道半径 (km)
太陽				696000
水星	0.387	0.241	116	2440
金星	0.723	0.615	584	6050
地球	1	1	-	6380
火星	1.52	1.88	780	3400
木星	5.2	11.9	399	71500
土星	9.55	29.5	378	60300
天王星	19.2	84	370	25600
海王星	30.1	165	367	24800
冥王星	39.5	248	367	1190
月	–	–	–	1740

[*1] 天文単位 = 1.496×10^{11} m, [*2] 太陽質量 = 1.988×10^{30} kg.
[*3] 衛星を含む惑星系の質量, [*4] 惑星のみの質量

第二法則(面積速度一定の法則, 角運動量保存の法則): 惑星は, 太陽と惑星を結んだ線分が, 等しい時間に等しい面積を掃くように移動する.

第三法則(調和の法則): 惑星の楕円軌道の長半径の3乗と公転周期の2乗との比は, 惑星によらず一定である(両者は比例する).

(このケプラーの法則は, 引力を及ぼし合うすべての2天体に対して成立する. また, 彗星の中には楕円軌道でないものもある)

なぜ, 太陽と惑星の間でケプラーの法則が成り立っているのだろう. ケプラーの法則に科学的な説明を与えたのはアイザック・ニュートンである. ニュートンは自分で打ち立てた運動の法則($F = ma$;Fは力, mは質量, aは加速度)とケプラーの法則より, **万有引力の法則**を導いた.

太陽の質量をM, 惑星の質量をm, この二つの天体の距離をrとすると, 二天体の間に働く万有引力Fは,

$$F = GmM/r^2 \quad (G:万有引力定数)$$

という式で表すことができる. すなわち, 惑星は太陽からの(万有)引力によって公転しており, その引力は距離の2乗に反比例し, 2つの天体の質量の積に比

質量[*2]		密度	自転周期	赤道傾	天体名
（太陽 =1）[*3]	（地球 =1）[*4]	(g/cm^3)	（日）	斜角（°）	
1.00	333000	1.41	25.4	7	太陽
1.66×10^{-7}	0.0553	5.43	58.6	0	水星
2.45×10^{-6}	0.815	5.24	243	177	金星
3.04×10^{-6}	1.000	5.51	0.997	23	地球
3.23×10^{-7}	0.107	3.93	1.03	25	火星
9.55×10^{-4}	318	1.33	0.414	3	木星
2.86×10^{-4}	95.2	0.69	0.444	27	土星
4.37×10^{-5}	14.5	1.27	0.718	98	天王星
5.15×10^{-5}	17.1	1.64	0.671	28	海王星
7.36×10^{-9}	0.0022	1.84	6.39	120	冥王星
3.69×10^{-8}	0.0123	3.34	27.3	7	月

地球質量 $= 5.972 \times 10^{24}$ kg.

例している．ニュートン以降，この法則を利用することによって，惑星の運動を式で表現し，任意の時刻の天球上での位置を予報することができるようになった．

3.2.2　比較惑星学の勧め

　太陽系の惑星とは国際天文学連合（IAU）の定義によると，
1．太陽を周回し，
2．十分大きな質量を持つために重力平衡形状（ほぼ球状）を持ち，
3．その軌道近くから他の天体を排除した天体
のことである．
　太陽系の惑星の名前を暗唱してみよう．太陽から近い順に「すいきんちかもくどてんかい」の8つだ．それぞれの天体の物理量を表3.1に示す．この表から3つのグループに分けられることに気づく．水星・金星・地球・火星は地球型惑星，木星・土星は巨大ガス惑星，天王星・海王星は巨大氷惑星と呼ぶ．なお，上記の定義で1と2を満たすが3を満たさない冥王星のような天体は準惑星と呼ば

れることになった．ただし，日本学術会議では，準惑星という用語の利用は推奨していない．これは準惑星に太陽系外縁部にある**冥王星型天体**[2]に加えて，火星軌道と木星軌道の間にある小惑星**ケレス**が一つだけ含まれており，天体の性質の統一的な解釈がむずかしいからである．

　地球型惑星は固い地表を持つ岩石質の惑星で，小型だが平均密度が大きい．巨大ガス惑星（木星型惑星）はおもにガスからなる惑星で，中心に地球型惑星の大きさ程度の固体部分があるが，その外側ほとんどは気体のため平均密度は小さい（土星では1 g/cm^{3}以下．なお，常温での水の密度は1 g/cm^3）．巨大氷惑星は外見は木星型惑星とあまり変わらないが，内部はほとんどが「氷」の惑星である．氷といってもH_2Oの固体という意味ではなく，太陽から受け取る熱量が地球の100分の1以下（温度に換算すると−200℃以下に相当）のため，地球では気体や液体の二酸化炭素や窒素も固体となっているので，これらをここでは「氷」と表現することとする．地球は地球型惑星の中で大きさが最大だが，巨大ガス惑星と比較するとおよそ10分の1のサイズにすぎない．

　生命活動は複雑な化学反応であり，有機物生命の場合，反応を効率よく行うため液体の水の存在は都合がよい．地球の海のような液体の水を持つ天体は，太陽系内にほかにあるのだろうか．金星をみてみよう．厚い大気の底はおよそ460℃，90気圧もの状態であることが，探査機の調査より明らかになっている．このような環境では鉛でさえも融けてしまうほどで，かつて水蒸気として存在した水は，そのほとんどが宇宙に飛び去ってしまったと考えられる．次に火星をみてみよう．火星の極付近には**極冠**とよばれる水の氷とドライアイス（二酸化炭素の氷）の塊がみられるほか，地下には凍土として氷となった水の存在が確認されている．また，火星表面には水の流れたことによって生じる地形も見つかっており，かつて（40億年以上前）は大量の液体の水が存在していたと推定される．しかし，現在，液体の水は火星の表面に存在しない．

　金星，地球，火星，この3つの惑星の環境の違いは，おもに太陽からの距離の違いによって生じた．地球は太陽からの距離がちょうどよかったため，平均気温が15℃ほどでその表層に水が液体として存在する惑星となった．また，火星軌道

2）2021年時点では冥王星，エリス，ハウメア，マケマケの4天体だが今後増える可能性がある．

付近までが**ハビタブルゾーン**（6 章参照）と考える研究者も多いが，火星は質量が地球の10分の1しかなく重力が小さいため，十分な大気をとどめておくことができない．火星表面の気圧は地球の100分の1以下で，気温も氷点下になることがほとんどである．

3.2.3　太陽系小天体の世界

太陽系内には惑星に比べるとサイズは小さいが，衛星・彗星・小惑星なども含まれている．月のように惑星の周りを公転している天体を**衛星**と呼ぶ．水星・金星以外の惑星もこのような衛星を引き連れている．特に木星型惑星の周りには衛星が多く，木星と土星ではすでにそれぞれ80個前後の衛星が確認されている．

彗星はほうき星とも呼ばれ，直径数十 km 程度の氷の固まりである．太陽に近づくと氷が解けて本体から分離し長い尾を形成する．細長い楕円軌道を持つ彗星は太陽のまわりを公転しており，周期は3年程度のものから200年以上のものまでさまざまである．それに対し，放物線軌道や双曲線軌道の彗星は太陽系外に去っていくもので，二度と太陽に近づかない．

小惑星は，8つの惑星に比べると直径は小さいが，太陽のまわりを円に近い楕円軌道で公転している岩石質の天体で，火星と木星の間の小惑星帯に多く存在している．すでに100万個を超える小惑星が見つかっている．

地球に落ちてくる岩石や鉄の固まりである**隕石**や地球大気中で発光する**流星**のもとである直径数 mm の岩石や塵（**ダスト**）も含めて，これらの多様な天体の集まりが太陽系だ．

3.3　火星探査の現状と未来

1964年，無人探査機マリナー4号（米国）は世界で初めて火星の近接撮影に成功．運河はもちろん，期待していた生物の気配はなく，荒涼とした砂漠が広がる過酷な環境であることが分かった．ただし，火星に生命が存在しているかいないか，または，かつて存在していたのかという論争を巡っては，未だ明確な答えは得られていない．現在でも火星探査の主目的の一つが生命探しであることに変わりはない．2012年には NASA が探査ローバー「**キュリオシティ**」を火星に着陸

させた．さらに NASA は「パーサビアランス」も2021年に投入．キュリオシティなどの火星探査から，太古の火星は穏やかな海に覆われ，生命が誕生しやすい環境であったことが突き止められている．つまり，質量の小さな惑星・火星は地球より急いで進化してしまった惑星ともいえる星であり，その歴史を知ることのみならず，地球の将来を知る上でも火星探査は科学的に重要なミッションといえるだろう．とはいえ，火星までの道のりは片道でも 2 年以上かかる．近未来に生身の人間が行くべきか，人工知能やロボットに頼るべきかは，科学的な目的だけでなく，地球上の生命が遠い将来はどこまで宇宙に進出するべきかという視点での国際的議論が必要となっている．

■■ トピック

はやぶさ 2 のリュウグウ探査

　日本の宇宙航空研究開発機構（JAXA）が運用するはやぶさ 2 探査機（QRコード）は，2014年に種子島から打ち上げられ，地球から 3 億 km 離れた，直径900 m の小惑星リュウグウへ接近．2 回のタッチダウンに成功し，地球への帰還までは 6 年間およそ52億 km もの旅であった．世界で初めて小惑星内部の岩石の採取に成功した．この小惑星をターゲットとして選んだのは，初号機はやぶさ探査機がイトカワという石質の小惑星を探査したのに対し，より古い情報を持つと思われる一般的な炭素質の小惑星を調べたいという科学的な目的からであった．はやぶさ 2 探査機はおもに次の 3 つの目標を掲げたミッションである．

1．我々はどこから来たのか？
　太陽系の起源，地球の起源，地球の海の起源，生命の起源を探る
2．宇宙探査の工学技術の開発
3．人類の夢（フロンティア）

　2018年 6 月にリュウグウに到着して，想定外だったことは表面に平らな場所がないことだった．このとき，プロジェクトマネージャーの津田雄一は「リュウグウが牙を向いてきた」と表現した．慎重に着陸地点を探し，何万回ものシミュレーションを繰り返し，予定より遅れて2019年 2 月に 1 回目の着陸．この

際，幅 6 m の狭い場所に誤差 1 m の精度で着陸し，世界中を驚かせた．さら
に 4 月には金属弾を表面に打ち込み，人工クレーターを形成，そして 7 月にそ
の周辺に 2 回目の着陸．このときの着陸はわずか60 cm の誤差しか許されない
過酷な条件での着陸であった．そして無事成功．クレーター周辺で地中の物質
を採取した．2019年11月にリュウグウを出発．2020年12月 6 日にリュウグウの
試料5.4 g が入ったカプセルを地球に帰還させ，はやぶさ 2 は次のターゲット
である小惑星1998KY$_{26}$の探査に向けて再び地球を離れていった．到着は2031
年の予定である．

　NASA でも2016年 9 月に打ち上げられたオシリス・レックスが小惑星ベヌ
ー（ベンヌと呼ばれることもある）からサンプルを採取しており，2023年に地
球に帰還予定である．

章末問題

（月と地球上の生命の関係）
　もし，月が無かったとしたら，現在の地球とどこが異なっているだろう？

第**4**章

恒星の世界

「星」というと，みなさんは何を思い浮かべるだろうか．地球上に，ヒトや動物，植物，…といろいろな種類の生き物がいるように，夜空には，さまざまな色・明るさの星が，それこそ星の数ほど存在する．では，星とはどのようなものだろうか？　いつまでも変わらず，輝き続けるのだろうか？　本章では，宇宙の基本的な構成要素である星の特徴や一生について解説する．

4.1 恒星

夜空を見上げると，明るい星，暗い星，青白い星，赤い星，…と，多彩な星々が輝いている．星座を形作る星々と，星座のあいだを動くように見える明るい星があるが，みな同じようなメカニズムで輝いているのだろうか？ 赤い星と青い星は，同じ種類の星だろうか？ 夜空の星々と太陽は違う種類の星だろうか．

4.1.1 恒星とは

かつて先人は，見た目の位置から星を二つに区別した．一つは，天球上の位置がほとんど変わらないようにみえることから，「恒」に同じ場所にある「恒星」．星座を形づくる星々は**恒星**である．それに対して，季節や年によって位置や明るさが変わり，天球上でお互いの位置をほとんど変えない恒星の間を移動していく「惑う星」．火星や木星は「**惑星**[1]」である．

1）天球面上での位置がほぼ変わらない恒星の間を動くように見える明るい星の存在については，数千年前から知られており，彷徨う星とされていた（4.3.3節のコラム「トピック」参照）.

中学校教科書にあるように，恒星と惑星ではその輝くメカニズムが異なる．恒星は自らつくるエネルギーで光り輝くのに対し，惑星は恒星の光を受けて反射して輝いている[2]．太陽は私たちにとってもっとも身近な恒星である（I-2章参照）．

恒星と惑星では，色の成因が異なる．たとえば，アンタレスと火星は同じように赤く明るく見える（図4.1）が，輝くメカニズムが異なるため，色の成因が異なる．恒星であるアンタレスは自ら輝いており，その色は表面温度に対応するが，惑星である火星は，太陽の光を反射して輝くため，表面の組成等によって色が変わる．つまり，アンタレスは低温の恒星であるため赤

図4.1　さそり座の近くに輝く火星．恒星アンタレスと火星は，見た目同じように赤く明るく輝く．

く見えるが，火星は表面にある酸化鉄等のために赤く見えるのである．

恒星は，自己重力（自分自身の重力）によって引き寄せられたガス（大半が水素）が集積・収縮して高温となったガス（プラズマ）の球形の塊であり，自らつくるエネルギーを放射することによって宇宙を光り輝かせる．恒星の光エネルギー源は，内部で起きる核融合反応である．その一生の大部分で，水素がヘリウムに変わる水素核融合反応が中心核で起きている（I-2.1節参照）．核融合により生成されたエネルギーによってガスが加熱され，重力に拮抗する圧力を生み出し，安定したガス球となっている．

恒星は，そのエネルギーによってさまざまな明るさや色の光を放射し，「恒星風」を吹きだし，震動し，ときに爆発現象を起こす．恒久的に輝き続けるのでは

2）厳密にいえば，惑星は，おもに可視光波長域では恒星の反射光で輝き，赤外波長域では恒星から受けたエネルギー等をもとに，加熱された自らの温度に基づいた放射をする．

なく，あるときに誕生して成長（変化＝進化）し，安定して輝く時代を経て変化
の激しい終末期へと至る（**恒星の進化**）．その進化の過程で多様な姿を示すとと
もに，さまざまな元素を作り，最後に宇宙空間に放出する．それは次世代の星に
取り込まれ，さらに星の誕生，進化，終末のサイクルが繰り返されることによ
り，宇宙空間では徐々に元素の種類と量が増えていく．つまり，恒星は宇宙の物
質進化の源泉でもある．

4.1.2 恒星と褐色矮星と惑星・惑星質量天体

　自らの核融合反応によるエネルギーで輝く恒星に対して，惑星の中心部では何
も核融合反応が起きていない．一方，水素の核融合反応は安定して起こせない
が，水素の同位体である重水素の核融合反応を起こす，いわば恒星と惑星の間を
つなぐ天体が存在する[3]．この天体は「**褐色矮星**」と呼ばれ，恒星に比べて低温
で暗いという特徴を持つ．

　このような恒星・褐色矮星・惑星の違いは，誕生時の質量による．誕生時の質
量が太陽の質量の約0.08倍（木星質量の約80倍）以上なら恒星となる．それ以下
の場合には，中心温度が十分高くならず，水素がヘリウムに変わる核融合反応が
安定して起こらない．誕生時の質量が太陽質量の約0.013倍（木星質量の約13倍）
以上あれば褐色矮星となる．褐色矮星では水素の同位体である重水素の核融合反
応が起き，誕生したばかりの**原始星・前主系列星**段階では，おもに赤外線で比較
的明るく輝く．**主系列星**のように安定したエネルギーの供給がないために，時間
とともにガス球のまま冷えて暗くなっていく（前主系列星については5.2.1節，
主系列星については4.2.4節参照）．質量が小さいため進化がゆっくりと進み，重
力でゆっくり収縮することで長期間輝くが，表面温度が低いため光度が小さい．
褐色矮星と惑星の違いは，上記の核融合反応の有無だけでなく，その形成過程に
もある．惑星は，前主系列星周りの**原始惑星系円盤**から誕生すると考えられてい
るが（5.4節参照），褐色矮星は低質量の恒星と同じプロセスで誕生する恒星のミ

3）普通の水素（軽水素とも呼ばれる）が1個の陽子を含む原子核と1個の電子から成るのに対し，重水
　素は陽子と中性子1個ずつを含む原子核と1個の電子から成る．重水素の核融合は水素の核融合（数
　百万から1千万度）より低い温度で起きる．加えて，褐色矮星の中でも質量の大きいものは，誕生し
　たばかりの頃には，Li（リチウム）の核融合反応が起きる．

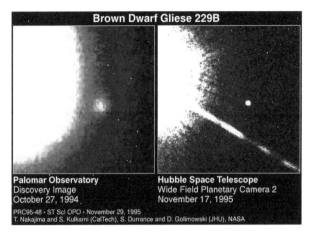

図4.2　最初に発見された褐色矮星 Gliese 229B の近赤外線画像．明るく輝くのが主星（恒星）Gliese 229で，右下の小さな点が伴星の褐色矮星 Gliese 229B．質量は太陽の0.02-0.04倍，有効温度は800-900 K である．左はパロマー1.5 m 望遠鏡と補償光学装置による発見画像，右はハッブル宇宙望遠鏡での追撮像観測画像．

ニチュア版という説が主流である．

　褐色矮星の存在は1960年代に理論的に提唱されていたものの，ようやく最初の褐色矮星が見つかったのは1995年であった（図4.2）．しばしば恒星になりそこなった星というような不名誉な呼ばれ方もするが，恒星と惑星をつなぎ，宇宙の**ダークマター**（暗黒物質）問題の一部を担う重要な存在である．その後のさまざまな赤外線観測から，候補天体を含むと数百～数千個の褐色矮星が見つかっているが，実際には，銀河系に数千億個ほどあると予想されている．

　恒星や褐色矮星は単独で存在する場合（単独星）と，二つ以上の複数の星が互いの重力で引き合い，全体の重心の周りを軌道運動している**連星**として存在する場合がある．連星系の構成要素としては恒星，褐色矮星，**白色矮星**，**中性子星**，**ブラックホール**がある．連星系では明るいほうを主星（A），暗いほうを伴星（B，C，…）と呼ぶ．一方，惑星は，一般的には恒星や褐色矮星の周りを公転しており，形態としては連星と同じだが，連星とは呼ばれない．この場合，中心の星を主星もしくは親星と呼び，惑星は親星に記号（b，c，…）をつけて呼ばれる．

　近年の観測から，質量は惑星程度であるが，周回する恒星がなく，単独星とし

て存在する天体の存在が明らかになった．いわゆる惑星とは異なるため，**惑星質量天体**（浮遊惑星）と呼ばれる．最初に見つかった惑星質量天体は，**星形成領域**で誕生したばかりのものだったが，約 2 pc の近距離にも年老いた惑星質量天体が見つかった．これらの惑星質量天体の形成過程はまだよくわかっていない．

4.1.3 星団

大多数の恒星（や褐色矮星）は，集団で誕生すると考えられている．このような，互いの重力によってまとまった構造をもち，1 つの系として共通の運動をしている星の集団を**星団**と呼ぶ．星団の中には，ほぼ同じ年齢・距離・金属量（重元素量）をもつ，さまざまな質量の恒星・褐色矮星（および惑星）が存在している．そのため，さまざまな星団の星を観測し，比較することで，星の進化（**恒星の進化**）の過程などを知ることができる．

星団は，その性質から**散開星団**と**球状星団**に分類される．散開星団は，まばらに存在する数百〜数千個程度の星の集団である．一人前の主系列星になって間もない，数十億年以下の年齢で，比較的高い金属量をもつ若い星（**種族 I** と呼ぶ）が多い．**巨大分子雲**から誕生したと考えられており，銀河系全体でみると円盤部に多く存在する．プレアデス星団（すばる）やヒヤデス星団が代表例である（図4.3）．

一方，球状星団は，数十万個にも達する星の集団である．星の数密度が（特に

図4.3　散開星団であるプレアデス星団（すばる）（東京大学木曽観測所）（左）と球状星団である M3（右）（兵庫県立大学西はりま天文台）．

中心部ほど）高く，重力的に強く束縛されているため，ほぼ球状な形で密集している．銀河系内の球状星団には年齢が百億年を越し，金属量が低い星（種族 II と呼ぶ）が多いため，それらは銀河系形成の初期段階に形成されたと考えられている．メシエ 3（M3，図4.3）やメシエ15（M15）などが市販の小型望遠鏡でも写真撮影可能な代表例であり，銀河系を大きく球状にとりかこむ**ハロー（銀河ハロー）**と呼ばれる希薄な領域の中に散在している（図4.4）．

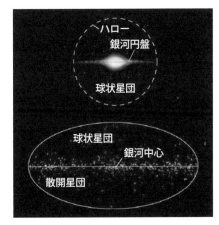

図4.4　天の川銀河における散開星団と球状星団の分布の模式図．上は空間分布で，下はそれを天球上に投映した図．天球面がモルワイデ図法で楕円として表されており，銀河円盤が楕円の長軸に沿っている．

■ トピック

すばる

　プレアデス星団は，和名で「すばる」と呼ばれ，清少納言の枕草子に「星はすばる…」として登場している．多くの星が集まって輝いている姿から，語源は「まとまってひとつになる」という意味をもつ「統ばる（すばる）」であるといわれている．さらに古い古事記や日本書紀では「すまる」と記され，現代に近い江戸時代には，肉眼で 6 つほど星が見えるので「むつらぼし（六連星）」とも呼ばれていた．中国では「昴宿」と呼ばれており，漢字の「昴」はそれに由来する．ちなみに，日本の「すばる望遠鏡」は，一般市民の公募案から，古来親しみのある星の名前に由来して決められた．

4.2 星の基本的な観測量

　無数の星を理解するためには，星をうまく分類し，系統立てて調べることが，星の研究の第一歩となる．それでは，星をどのように分類するのがよいだろうか？ ここでは，あまたの星を分類する方法について紹介しよう．

　星は，我々からはるか遠くにあり，はかりにのせることも，その場に行って調べることもできない．我々が星の観測から得られる情報は，ある特殊な状況で放射される**ニュートリノ**や**重力波**を除き，光（**電磁波**）だけである．では，星の光から何がわかるだろうか．観測から測定することができる情報は，星がどれだけ明るく見えるか（**見かけの等級**）と，星がどのような色や**スペクトル**をもつか（温度）である．星までの距離が分かれば見かけの等級から**絶対等級**（光度）が求められる．絶対等級と表面温度（またはスペクトル型や**色指数**）という二つの観測量で，星の質量や年齢，ひいては内部構造等の星の物理的な性質を調べることができる．

4.2.1 星の明るさと絶対等級

　星の見かけの明るさは，星本来の明るさ（光度または絶対等級）と距離とに依存する．同じ明るさの星でも距離が異なると見かけの明るさは変わるので，星の真の明るさは，同じ距離におくことで比較できる．したがって，星までの距離を**年周視差**等の方法で求めることができれば，見かけの明るさ（見かけの等級）を観測して真の明るさ（絶対等級）が求められる（A5 節参照）．

4.2.2 星の表面温度と色

　星の多彩な色はその星がどの波長でより明るく輝くかに由来する．星の出す放射の**連続スペクトル**は**黒体放射**で近似できるので，表面温度が高い星ほど青い波長で明るく輝く（A8 節参照）．**絶対温度** T [K] の黒体放射の強度が最大となる波長を $\lambda_{\max}$ [μm] とすると，

$$\lambda_{\max}=2.898\times10^3/T \tag{4.1}$$

の関係がある（**ウィーンの変位則**）．たとえば，表面温度が約5800 K の太陽で

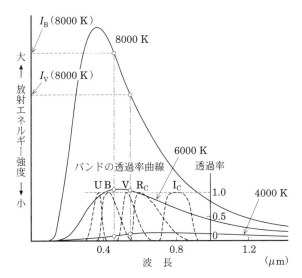

図4.5　色指数と温度の関係を示す概念図．実線は絶対温度が4000，6000，8000 K の黒体放射のスペクトル（左縦軸）．破線は代表的な 5 つの測光バンドの透過率（右下縦軸）で，ピークの値を 1 に規格化してある．縦の一点鎖線は B バンドと V バンドの有効波長を示す（A5.2節参照）．

は，$\lambda_{max}=0.5\,\mu\mathrm{m}$ となり可視光の緑の波長域で一番強く光を放つ．一方，低温の星の光は赤外波長域がもっとも明るく，高温の星は放射のピークが紫外波長域となる．ところが紫外線は地球大気に吸収されやすく地上まで届きにくいため，可視光の中で短い波長である紫色や青色を中心とした光が地上に届くことになる．そのため，リゲルやスピカは青っぽく見える．

　原理的には，星の連続スペクトル（A7.4節参照）における二つ以上の波長における明るさがわかれば表面温度が決まる．異なる波長帯で測定された等級の差（明るさの比に対応する量）を**色指数**とよび，星の明るさを測定する観測（測光）では表面温度の指標として用いられる．すなわち，いくつかの**バンド**（波長帯）を定義し，それらの中の二つのバンドの等級の差（短波長バンドの等級から長波長バンドの等級を引いた値）を温度指標として用いる手法である．たとえば，図4.5で示されるように，表面温度の異なる星（放射は黒体放射で近似できるとする）に対して，縦の一点鎖線で示す B バンドと V バンドの有効波長における放射強度 I_{B} と I_{V}（中抜き丸印）の比は $I_{\mathrm{B}}/I_{\mathrm{V}}>1$（8000K），〜1（6000 K），＜1

（4000 K）となる．これに対応してこの比を等級スケールで表した色指数 $B-V$ の値も変化する（A5.2節参照）．しかし実際には星からの光は，**星間ダスト**による散乱や吸収を受けて，光の強度が弱められる（**星間減光**）．減光の度合いは波長に依存し，長波長ほど減光を受けにくいため，星間ダストやガスの多い領域では星は赤くなる．そのため，このような領域にある星の色指数には，少し注意が必要である．

4.2.3 星のスペクトル分類

星に関するもう一つの基本的な情報は**スペクトル**である．太陽のスペクトルをよく見ると，連続スペクトルに加えて，特定の波長に黒いバーコード模様のような**スペクトル線（吸収線）**が見られる（A7.4節参照）．

スペクトル線の見え方は星によってさまざまである．1900年前後にハーバード大学のグループが吸収線の見え方に着目して星の大規模なスペクトル分類を行ない，**ハーバード分類**体系が確立された．ハーバード分類を出発点として現在用いられている星のスペクトル型の系列は O, B, A, F, G, K, M, L, T, Y で，星の表面温度の系列である（高温から低温に並んでいる）．

加えて，次の4.2.4節で述べるように，表面温度が同じでも光度が大きく異なる星があることが知られてきた．このため，1940年代にヤーキス天文台のウィリアム・モルガンとフィリップ・キーナンらによって光度の違いを表す**光度階級**（絶対等級の明るい順にローマ数字の I から VII に分類）が導入された．現在ではハーバード分類と光度階級を組み合わせた MK 分類（モルガン－キーナン分類）が広く用いられている．

星のスペクトルは情報の宝庫である．星のスペクトルの分析（分光分析）からは，大気の温度・圧力・重力・密度・運動などの物理状態，そして化学組成などに関する情報が得られる．

4.2.4 星のHR図

星の観測から知ることができる，本来の明るさ，つまり光度（絶対等級）と，色，つまり表面温度（スペクトル型）を軸とした図を作成してみよう．この図は，独立に提唱した**アイナー・ヘルツシュプルング**と**ヘンリー・ノリス・ラッセ**

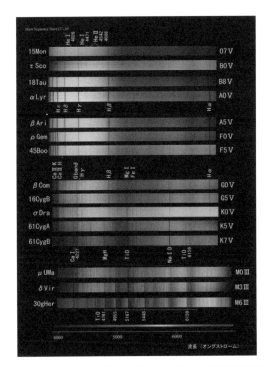

図4.6　星のスペクトルのハーバード分類．O 型ではヘリウムの吸収線が見え，B 型から A 型
　　　では水素のバルマー系列の吸収線（Hα〜Hε）が顕著である．F 型から G 型にかけては
　　　カルシウムの H 線と K 線が強く，K 型に向かうにつれ多数の金属の吸収線で紫外部分
　　　の連続光が弱まる．M 型星ではさまざまな分子の吸収が特徴的であり，とくに TiO の
　　　バンドでの吸収が目立つ．アニー・キャノンらは，この分類系列が星の表面温度の系列
　　　になることに気がついたのである（粟野 諭美他著『宇宙スペクトル博物館〈可視光
　　　編〉』（裳華房）掲載の図を編集して作成．O 型から K 型までは主系列星，M 型は巨星
　　　のスペクトルであることに注意）．

ルの頭文字をとって，HR 図と呼ばれ，星の研究において必須の手法となってい
る．

　距離がわかっている多くの星から HR 図を作成すると，図4.7のようになる．
HR 図では，大きく3グループに星を分類できる．すなわち，（A）左上から右下
に斜めに伸びた帯状領域に分布する太陽を含む星，（B）光度が大きく温度が低
い右上の部分に分布する星，（C）光度が小さく温度が高い左下の部分に位置す
る星である．

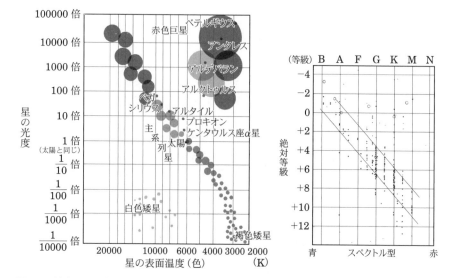

図4.7 （左）さまざまな星のHR図．赤色巨星／白色矮星は低温度／高温度のため単位表面積
あたりの放射エネルギーは少ない／多いが，太陽に比べて半径が格段に大きい／小さい
ために，全放射光度は高い／低い．（右）ラッセルが1914年に公表した最初のHR図．
縦軸は絶対等級，横軸はスペクトル型である．二本の斜め線が主系列を表している．異
なる記号は異なる星の集団を表す．左図は，物理的理解をしやすいように，縦軸を光
度，横軸を表面温度にとっているが，同じ情報を表している．

■ トピック

星のスペクトル分類

　多数の星のスペクトルを同時に観測できる対物プリズムを考案したハーバー
ド大学天文台長のエドワード・ピッカリングらは，19世紀終わりから20世紀は
じめにかけて吸収線の見え方に基づく星の大規模なスペクトル分類をおこなっ
た．その作業には多くの有能な女性も従事した．なかでもキャノンは，英文字
の記号で表したスペクトル型をある系列に並べると，星の表面温度の系列にな
ることに気づき，ハーバード分類体系を確立した．1918-24年にかけて刊行さ
れたヘンリードレーパー星表には約35万星のスペクトル型が記載されている．
このハーバード分類のスペクトル型"OBAFGKM"は，高温から低温にかけ
て並んでいる．"LTY"型は2000年ごろに追加された新しい系列で，褐色矮

星・惑星質量天体を表す．この大分類の各々は10段階（0-9で数字が小さいほど高温）に細分類される．スペクトル型の覚え方として"Oh Be a Fine Girl/Guy, Kiss Me, Let's Try, Yeah!（My Lips Tonight Yeah!）"などの語呂合わせがある．スペクトル型はかつて進化の道筋と考えられたため，慣習的に高温の星が早期型，低温の星が晩期型とも呼ばれている．

　一方，モルガンとキーナンによって導入された光度階級の星は，I（超巨星），II（輝巨星），III（巨星），IV（準巨星），V（主系列星），VI（準矮星），VII（白色矮星; VIIのかわりにDが広く用いられる）と呼ばれる．ちなみに，太陽のスペクトル型はG2V（G2型，主系列星），デネブはA2I（A2型，超巨星）である．

　大多数の星が含まれる斜めの帯状領域の星（A）を**主系列星**と呼ぶ．主系列星では，温度が低いほど質量が小さく，高温で明るい星から低温で暗い星が含まれる．明るさと温度に相関関係をもった分布を示すのは，帯状部分にある星たちが同じメカニズムで輝いていることに由来する．太陽近傍の星のHR図から，主系列星では，温度が低いつまり質量が小さいほど，その数が多くなることがわかっている[4]．

　主系列星の右上に位置する低温度の明るい星（B）は**赤色巨星**（超巨星，巨星），左下に位置する高温度の暗い星（C）は**白色矮星**と呼ばれる．つまり，表面温度が同じでも光度が大きく異なる星のグループが存在することがわかる[5]．これらは星の進化段階の違いを示す（4.3節）．さらに，HR図上でもっとも暗い主系列星の右下に，より低温で暗い星々が存在している．これが**褐色矮星**である．褐色矮星は，明るさが白色矮星と同程度以下である一方で，非常に低温であ

4）星の質量は，誕生時にその大半が決定する．星の誕生時の質量ごとの頻度分布である**初期質量関数**は，太陽質量の約0.5-10倍の星については，その数が質量の約-2.35乗に比例する．つまり，質量が軽い星ほど個数が増加する関数で表される．

5）この違いが光度階級に相当する．温度（スペクトル型）が同じ星の場合，光度つまり半径が大きい星ほどスペクトル吸収線の幅が狭くなる．吸収線が生じる大気の密度が低いほど，吸収線の幅が小さくなるからである．たとえば，I（超巨星）は大気の密度が低く吸収線が一般的に細いのに対し，V（主系列星）では密度が高く線幅が一般的に広い．

ることがわかる.

シュテファン-ボルツマンの法則（A8節）を用いると，星の光度 L は，表面温度 T の 4 乗と表面積（$4\pi R^2$）の積から,

$$L = 4\pi R^2\, \sigma T^4 \quad (\sigma は定数) \tag{4.2}$$

と表される. つまり，同じ半径を持つ場合には表面温度の高い星ほど明るく輝き，同じ表面温度をもつ場合には半径が大きい星ほど明るく輝く. たとえば，同じ表面温度をもつ赤色巨星と主系列星に着目してみよう. 両者の光度に約10等の差がある場合，赤色巨星は同じ温度の主系列星より 1 万倍明るい. 式(4.2)から，赤色巨星の表面積は主系列星の 1 万倍，したがって半径は主系列星の100倍の大きさになる. たとえば，赤色巨星の 1 つ，オリオン座のベテルギウスは太陽半径の約800〜1000倍，およそ太陽－木星の距離に匹敵する大きさをもつ. これとは逆に，高温だが光度が非常に小さい白色矮星は，半径が非常に小さな星である.

このように，表面温度は同じである二つの星が，光度，つまり半径が異なるということは，二つの星の内部構造に違いがあることを反映しており，それらの星が異なる進化段階にいることを示唆する. 逆に，その星の進化段階（主系列・巨星・白色矮星等）がわかれば，HR図を用いて，星の表面温度（スペクトル型や色指数）から星の光度（絶対等級），ひいては距離を推定することができる（A5.3節）.

このように星を温度と光度の 2 次元で分類すると，星の性質，すなわち，内部構造や進化段階，距離などを探ることが可能となる. 天文学にとって，HR図は，星を理解するための基本中の基本，もっとも大切な道具の 1 つである.

4.3 星の一生

人にも一生があるように，星にも一生があり時間とともに変化していく. 星の一生は人の一生に比べて桁違いに長いので，そのすべてを人が観察することはできない. しかし，観測されるさまざまな星の性質と，物理学の理論とを突き合わせて推論することによって，人は星の一生について多くを理解できるようになった. HR図上に示された星の種類も，星の一生から理解できる. ここでは，まず太陽の一生を見た後に，太陽よりも質量が大きい星の一生について解説する.

4.3.1　太陽の一生

　現在の太陽は主系列星に分類される．主系列星である太陽の中心部では，水素がヘリウムに変わる核融合反応が起きている．その水素の核融合反応によるエネルギーで，星の表面から放射される光のエネルギーをまかなっている．太陽はほぼ水素でできていて，水素は豊富にある．よって，太陽はその豊富な水素を少しずつヘリウムに変えながら安定して輝き，しばらくは大きな変化がない．

　太陽に変化が起こるのは，中心で水素が尽きたときである．今から約50-60億年後と推定されている．中心で水素が尽きると，中心には水素から作られたヘリウムの核ができる．そして，水素の核融合反応は，そのヘリウムの核を取り囲む球殻状（殻状）の領域で生じるようになる．このとき，ヘリウム核の温度が低いためヘリウムの核融合反応はまだ起こらない．殻状領域で生じる水素の核融合反応によって，ヘリウムの中心核は外側に向けて少しずつ質量を増やし，重力のためゆっくりと収縮する．そのとき，水素の核融合反応を起こしている殻状の部分も少し収縮し，温度が少し上昇する．すると，水素の核融合反応がより活発に起こる．その核融合反応のエネルギーが外側に伝わり，太陽の外層は大きく膨らむ．外層が膨らむと星の表面の温度が下がる．表面の温度が下がるため，星は赤くなる．このような星が，赤色巨星である（図4.8）．

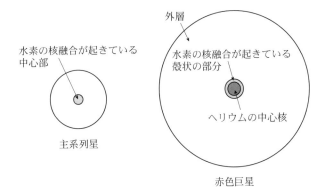

外層

水素の核融合が起きている
中心部

水素の核融合が起きている
殻状の部分

ヘリウムの中心核

主系列星

赤色巨星

図4.8　主系列星と赤色巨星の内部構造を示す模式図．大きさの比などは実際とは大きく異なる．赤色巨星の半径は主系列星の100倍程度，ヘリウムの中心核は赤色巨星の半径の1000分の1程度である．

図4.9　すばる望遠鏡で観測された惑星状星雲 M57の可視
　　　（Hα 線）画像．その形状から環状星雲とも呼ばれ
　　　る．明るい環の外にさらに2, 3重に取り囲む淡い
　　　ガスがみられる．

　赤色巨星の中心部にあるヘリウムの核は，重力のため少しずつ収縮していく．
収縮により温度が上昇して約1億度になると，中心核でヘリウムの核融合反応が
始まる．すると，星の構造が主系列星に近い状態になり，中心核の収縮や外層の
膨張が止まる（中心核は少し膨張して止まり，外層は少し収縮して止まる）．そ
して，しばし安定に輝くことになる．

　ヘリウムの核融合反応は炭素を生成する．炭素の一部はヘリウムと核融合反応
して酸素を生成する．そして，中心核で炭素と酸素がたまっていく．中心核でヘ
リウムがなくなると，ヘリウムの核融合反応は，炭素と酸素からできた中心核を
取り囲む殻状の領域で生じるようになる．すると，中心核は再びゆっくりと収縮
を始め，赤色巨星のときと同様に外層が大きく膨らむ．このとき，太陽の表面
は，現在の地球の公転軌道の近くにまで達すると考えられている．

　太陽のように質量があまり大きくない星では，その後，中心核の温度があまり
上がらない．そのため，炭素と酸素が中心核で核融合反応を始めることはない．
中心核には，炭素と酸素からなる高密度のコアができる．一方，再び膨み始めた
外層はゆっくりと星から離れて広がっていく．この広がったガスが中心星から照
らされると，**惑星状星雲**として輝く（図4.9）．惑星状星雲は，時間とともに星間
空間（星と星の間の空間）へと広がることで薄まり，やがて見えなくなる．そし
て，最後に中心核にあるコアが残される．これが白色矮星である．白色矮星はも
ともと星の中心核であったため，半径が小さく表面温度が高い．白色矮星は核融

合エネルギー源を持たない．そのため，星間空間へ光のエネルギーを放射し，その表面温度をゆっくりと下げるとともに，だんだん暗くなる．

太陽が白色矮星になったころが，恒星としての太陽の最期である．太陽の場合，主系列星でいる期間は約100億年，主系列星が終わってから白色矮星になるまでが約10億年と見積もられている．太陽は一生のうち，約9割の期間を主系列星として過ごす．

4.3.2　太陽よりも質量の大きい星の一生

質量が太陽と同程度から太陽の約8倍より小さい星は，太陽とほぼ同じような時間変化をする．一方，質量が太陽の約8倍以上になると，その最期が大きく異なってくる．ここでは，太陽よりも質量が大きい星の一生を見ていこう．

質量が太陽より約8倍以上大きい場合でも，主系列星から赤色巨星となり，その後，中心核で炭素や酸素が生成されるところまではおおよそ同じように変化する．しかし，質量が大きいと，炭素や酸素からできた中心核が収縮して高温となり，炭素や酸素の核融合反応が始まる．そして，ネオンやマグネシウムなどより重い元素が生成されていく．ただし，これらの重い元素の核融合反応で星の重力を支えられるのは1000年程度以下というきわめて短い時間である．

質量が太陽よりも約10倍以上大きいと，鉄が生成されるまで核融合反応が進

図4.10　すばる望遠鏡で観測された超新星残骸 M1 の可視画像．1054年に見られた超新星は日本の『明月記』などにも記されている．約700年後，シャルル・メシエが，彗星と紛らわしい天体としてメシエカタログの最初に登録した．

む. 鉄の原子核はもっともエネルギーが低く安定である. そのため, 鉄より重い元素へは核融合反応が進まず, 中心核には鉄がたまっていく. 中心核に鉄がたまり, 重力による収縮でさらに高温になると, 鉄が光で分解される反応が起こる. この反応は吸熱反応であるため, 中心核の温度や圧力が一気に下がる. その結果, 重力により星の中心核が急激に収縮（落下）し, 中心には原子核がそのまま星になったような高密度な硬いコアができる. 遅れて落下してきたガスはそのコアで跳ね返り衝撃波が発生する. 衝撃波は収縮によって解放された重力エネルギーの一部を得ながら星の外側へと伝わる. そして, 衝撃波からエネルギーを受け取った星の外層が, 星間空間へと爆発的に飛び散る（図4.10）. これが**超新星爆発**である[6]. このとき, 星は短時間で急激に明るく輝く. 星の中心には中性子からなる超高密度な中性子星が形成される. 星の質量が太陽の約20-30倍以上の場合には, 中心にブラックホールが形成されると考えられている.

図4.11に星の一生を概念図にまとめた.

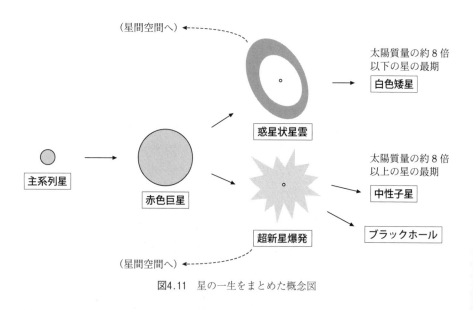

図4.11　星の一生をまとめた概念図

---

6) 質量が太陽の約8倍から約10倍までの星の場合, 鉄まで核融合反応は進まない. しかし, マグネシウムの原子核が電子を捕獲することで中心核の圧力が一気に減少し, 同様な超新星爆発が起こると考えられている.

4.3.3　星の寿命

　星の一生は誕生時の質量によって異なる．しかし，どの星も，太陽と同じよう
に主系列星でいる期間がもっとも長い．このことが，HR 図上で主系列星が一番
多い理由である．もっとも長い期間存在している星が，もっとも観測されやすい
からである．

　星は一生の大部分を主系列星で過ごすため，その寿命は星が主系列星でいる期
間とほぼ等しい．星が主系列星でいる期間は，星の質量が大きいほど短い．理由
は，質量の大きい星ほど明るく輝いているためである．質量の大きい星は，エネ
ルギー源となる中心部の水素を短い時間で消費してしまうのである．

　このことを，もう少し定量的にみてみよう．星が主系列星でいる期間は，星の
持っている燃料を，燃料の消費率で割った値で見積もられる．主系列星の燃料は
中心部にある水素であり，その量は星の質量に比例する．また，燃料の消費率
は，星が単位時間に放射している光のエネルギー，すなわち光度に比例する．よ
って，星が主系列星でいる期間を τ，星の質量を M，星の光度を L とすると，

$$\tau = \frac{星の持っている燃料}{燃料の消費率} \propto \frac{M}{L}$$

となる．一方，主系列星の光度と質量の間には，近似的に

$$L \propto M^{3.5}$$

の関係があることが知られている．これを用いると，星が主系列星でいる期間と
星の質量との間に

$$\tau \propto \frac{M}{L} \propto \frac{M}{M^{3.5}} = \left(\frac{1}{M}\right)^{2.5} = M^{-2.5} \tag{4.3}$$

という関係式が得られる．星の質量が約 4 倍大きくなると，星が主系列星でいる
期間は約32分の 1 倍短くなる．たとえば，太陽が主系列星でいる期間は約100億
年と推定されているので，太陽より質量が 4 倍大きい星の寿命は約 3 億年とな
る．質量が大きな O 型星や B 型星の寿命は数百万から1000万年ほどである．宇
宙の年齢である138億年と比較すると「ほんの一瞬」である．

■ トピック

「星」と「宇宙」の語源

　星（star）の語源は，ギリシャ語の "ἄστρο（astro）/ ἀστήρ（aster）" やラテン語 "stella" に由来するという説がある．小惑星（asteroid）はこの "aster" から，星のという意味の "stellar" や星座 "constellation" は "stella" から来ているのだろう．惑星（planet）は，古代ギリシャ語で，惑う人を意味する "planets" と呼ばれていたことに由来する．日本ではかつて遊星と呼ばれていたこともあり，中国語では行星と呼ばれる．ちなみに，宇宙という言葉は，紀元前2世紀の中国の書物『淮南子（えなんじ）』に「往古来今謂之宙，四方上下謂之宇」と記されている．往古は昔，来今は現在を含む未来ということで時間を意味し，四方上下とは前後左右上下，すなわち空間を意味する．つまり，2千年以上前から宇宙は，宇（時間）と宙（空間）と認識されていたのである．一方，宇宙は英語で "universe" や "cosmos" と呼ばれる．"universe" はラテン語 unum + vertere が語源で統一・統合・普遍等の意味がこめられ，"cosmos" はギリシャ語の "kosmos" が語源で秩序と調和の取れた完全体系などの意味がある．

章末問題

1. 太陽の一生を，HR図上でおおまかにたどってみよう．
2. 太陽近傍（地球から近い順に100個）の星と，明るい（見かけで明るい順に100個）の恒星についてそれぞれHR図に書き込んでみよう．
   参考資料："The One Hundered Nearest Star Systems（http://www.recons.org/TOP100.posted.htm）" や "The Bright Star Catalog（http://tdc-www.harvard.edu/catalogs/bsc5.html）"．
3. 次の二つのHR図は，散開星団と球状星団について作成したHR図である．星団XとYは，どちらが散開星団でどちらが球状星団だろうか．理由とともに考えてみよう．

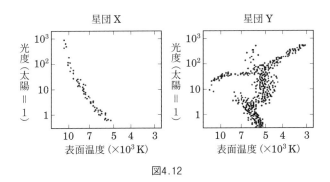

図4.12

4．質量が太陽の0.5倍の恒星の寿命はおおよそどのくらいだろうか．太陽
　の寿命を100億年として，(4.3)を使って計算してみよう．その寿命と現
　在の宇宙年齢とを比較すると，どのようなことが考えられるだろうか．

第 5 章

恒星と惑星系の誕生

　星と星の間の星間空間はまったくの真空ではなく，物質が存在している．この星間空間にある物質（おもにガスとダスト）を**星間物質**という．星は星間物質から誕生し，一生を終えるとその大部分は星間空間へと戻る．星間物質は空間に一様に広がっているのではなく，濃く集まった（密度の高い）分子雲にたくさんある．分子雲の中でさらに周りよりも密度が高くなったところが**分子雲コア**であり，星と惑星系は分子雲コアが自分の重力で収縮すること（**重力崩壊**という）により誕生する．本章では，この星や惑星の誕生過程を解説する．

5.1　星間物質と分子雲：星の誕生の現場

　星間物質は，気体である星間ガスと固体の粒である**星間ダスト**（星間塵）からなる．星間ダストの質量は星間ガスの質量の約1/100で，星間物質の大半は星間ガスが占める．星間ガスはほとんど水素とヘリウム（質量比で4：1）である．平均的な個数密度は1 cm^3 中に水素原子換算で1個程度（〜1個/cm^3）である．星間ダストは，星の内部で合成された酸素，炭素，マグネシウム，ケイ素，鉄などの重い元素（**重元素**）から構成されている．星間ダストの大きさは典型的には1 μm 以下である．

　星は星間物質から誕生し，質量に応じた寿命を生きて死んでゆく．星の内部で作られた重元素のほとんどは，星の一生の最終段階で再び星間空間に戻される（4.3節参照）．もとからあった星間物質にそれが混じり合って，星間物質の中ではだんだんと重元素の量と種類が増してゆく．そしてその星間物質は，新たな星を生み出す材料となる．

　星間ガスはさまざまな温度と密度を示す．もっとも温度が低く密度の高いものはある大きさをもつ雲のような塊で存在し，**分子雲**と呼ばれている．分子雲の典型的な個数密度は約10^3個$/cm^3$である．分子雲の大きさは太陽質量の数百倍程度の小規模なもの（**暗黒星雲**と呼ばれることもある）から百万倍を超えるもの（**巨大分子雲**）まであり，密度の低い巻雲のようなものもある．分子雲の温度は約10K と低いため，水素が水素分子として存在している．これが分子雲の名前の由来である．そして，星は，この分子雲のなかで誕生している．

　分子雲は，収縮する力（自らの重力）と，収縮を妨げる力（内部の乱雑な運動による圧力や分子雲を貫く星間磁場による力）とが，おおよそ釣り合っていると考えられている．そのため，分子雲全体が収縮して大量に星が生まれることはない．その分子雲において，何かのきっかけがあると，分子雲の一部で釣り合いが破れて重力がまさり，密度の高い部分が生じて，星の誕生につながると考えられている．そのきっかけは，銀河の渦巻腕の影響，分子雲同士の衝突，近くで生じた**超新星爆発**，近くの星の星風など誘発的な要因や，乱流や磁場の散逸など自発的な要因が考えられている．いずれにせよ，密度の高い部分ができると，そこは周囲よりも自らの重力が強くなり周囲のガスを集めてさらに密度が増大する．そして，密度が高くなるとさらに重力が強くなり，さらにガスを集めていく．実際，分子雲の中には密度が高い分子雲コアと呼ばれる部分があり，星はその分子雲コアの中で誕生している．

■ **トピック**

分子雲の観測

　分子雲の中には，水素分子の他にも多くの種類の分子が存在している．水素分子の次に多いのが，一酸化炭素（CO）で，水素分子に対して1万分の1程度の個数比で存在している．その他にも，アルコールのような有機物や，HCO^+ などの分子イオンもある．実は，一番たくさんある水素分子は直接観測するのが難しい．そのため，一酸化炭素などの出す電波が分子雲を観測する手段としてよく用いられている．また，分子雲には星間ダストが多く含まれていて，分子雲の背後の星の光を遮る．そのため，可視光線で見ると黒い雲のよう

にみえ，暗黒星雲ともよばれている．ちなみに，古代インカの人々は，天の川に散らばる暗黒星雲に，川の水を飲みに来る動物の姿を想像し，リャマ，キツネ，ヘビなどの動物の名前をつけて星座としていた．

5.2　原始星から主系列星へ

5.2.1　原始星と前主系列星

分子雲コアが自らの重力で収縮を始めると，その中心部でガスの密度が増大していく．密度が増大すると光が外に出にくくなる．光は分子雲で生じた熱を外へ運んでいた．そのため，熱が外へ運ばれにくくなり，中心部の温度も上昇していく．密度や温度が高くなると，中心部の圧力も高くなる．そして，圧力が重力とつり合うくらい高くなると，中心部から収縮が止まっていく．この中心部で収縮が止まったときが，**原始星**の誕生である．

原始星が誕生したときには，原始星に向かって周囲からガスが落下を続けている．落下したガスは，星の表面にぶつかる．そして，星の表面には衝撃波が形成され明るく輝く．しかし，周囲に濃いガスがあるため，原始星を直接観測することは難しい．原始星の存在は，原始星からの光によって暖められた周囲の星間ダストを，赤外線で観測することで確認されている．周囲のガスがなくなりガスの落下が終わったころ，星が直

図5.1　すばる望遠鏡で観測された星形成領域S106の近赤外線画像．中心に双極分子流を伴うO型星が輝き，見事なHII領域や反射星雲を形作っている．さらに，その周りに，誕生したばかりの数百もの低質量星・褐色矮星・惑星質量天体候補が発見された（NAOJ/Subaru）．

接観測されるようになる．この段
階で観測された星は，**前主系列
星**[1]と呼ばれ，**Tタウリ型星**や**ハ
ービッグ Ae/Be 型星**が含まれる
（図5.1）．そして，このころには，
星全体で圧力と重力がつり合うよ
うになる．

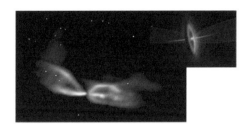

図5.2　アルマ望遠鏡で観測された原始星ジェッ
ト（左）とその模式図（右）．一酸化炭素が
放つ電波とその**ドップラー偏移**から原始星
の両極方向（左右）から高速のジェット
（細い部分）が吹き出していることがわか
った（ALMA(ESO/NAOJ/NRAO)）．

　星全体で圧力と重力がつり合う
ようになったころは，星全体に対
流が発生し，中心部の熱が効率よ
く星の外に運ばれる[2]．そのた
め，Tタウリ型星は非常に明るく輝いている．しかし，この段階ではまだ星の
中で**核融合**反応は起きていない．星の半径が大きいので，星の中心温度が十分に
高くならないためである．星は，圧力と重力のつり合いを保ちながらゆっくりと
収縮し，重力のエネルギーにより星の表面から放射される光のエネルギーをまか
なう．

　星がゆっくりと収縮すると，中心の温度が徐々に上がっていく．そして，中心
の温度が約1000万度を超えると，水素がヘリウムに変わる核融合反応が始まる．
この核融合反応のエネルギーで，星の表面から放射される光のエネルギーをまか
なえるようになると星の収縮が止まる．このときが主系列星誕生の瞬間である．
主系列星になったあとは，豊富な水素を少しずつヘリウムに変えながら，安定に
長期間輝くことになる（4.3節参照）．

　分子雲から原始星が誕生するまでの期間は数百万年程度と見積もられている．
その後の変化は質量によって異なる．太陽と同じ質量の星の場合，原始星の誕生
から主系列星までは数千万年-1億年程度である．また，太陽よりも質量が大き
いと原始星の誕生から主系列星までの時間がそれより短くなり，太陽よりも質量

1）前主系列星は，誕生してから主系列星に向かって進化している段階にある星のことを指す言葉である
　　ので，原始星も含むことがある．
2）これを最初に指摘したのは**林忠四郎**（1920-2010）である．このような星が HR 図上でたどる経路は
　　「林トラック（Hayashi track）」と呼ばれる．

が小さいと長くなる．いずれにせよ，主系列星でいる期間がもっとも長いことは変わらない．

　一方，原始星へガスが十分に落下せず，誕生時の質量が太陽の質量の約0.08倍以下になった場合には，その後の収縮過程で中心温度が約1000万度に達せず，水素がヘリウムに変わる核融合反応が安定して起こらない．このように，質量が小さく，原始星から主系列星へと至らなかった星が**褐色矮星**である（4.1節参照）．

5.2.2　分子雲の磁場や回転

　原始星が誕生しているところを観測すると，周囲のガスが球形ではなく，すこしいびつな，円盤状の構造であることが観測されている．また，原始星の近傍では，その周囲をとりまく円盤が観測されている．そのことを踏まえ，ここでは星が誕生するときの，磁場や回転の影響を見てみよう．

　分子雲コアは，星間磁場を起源とする磁場に貫かれている．このとき，磁力線に垂直な方向には磁場による力を受けるため収縮しにくい．一方，磁力線に平行な方向には磁場がないときと同じように収縮する．そのため，磁場の影響を受けた分子雲コアは，磁力線の方向につぶれた円盤状の形状になりやすい．

　また，分子雲コアの収縮が進んで小さくなると，回転の影響が顕著になることが知られている（**角運動量保存則**）．このとき，回転軸に垂直な方向には外向きに遠心力が働き重力に対抗できる．一方，回転軸に平行な方向には遠心力が働かず，回転がないときと同じように収縮してくる．その結果，星の周囲には回転軸に垂直に広がった回転する円盤ができる．

　以上のような効果で，原始星へのガスの落下は円盤状に起こる．5.2.1節で述べた原始星は，その円盤状のガスの中心で形成される．そして，原始星の周囲にできた円盤の中では，惑星が形成されると考えられている．図5.3に星の誕生に関する内容を概念図にまとめた．

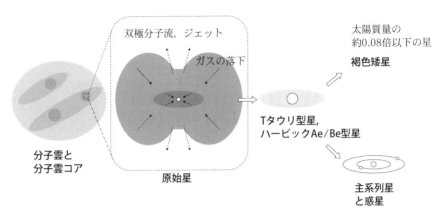

双極分子流, ジェット

ガスの落下

太陽質量の
約0.08倍以下の星

褐色矮星

Tタウリ型星,
ハービックAe/Be型星

分子雲と
分子雲コア

原始星

主系列星
と惑星

図5.3　星の誕生に関する内容をまとめた概念図

双極分子流

　原始星が形成されるとき，分子雲のガスの一部が両極方向に噴出する現象が観測されている．これを**双極分子流**という（図5.1）．両極の方向は，円盤状の構造に対してほぼ垂直な方向になっていることが多い．また，双極分子流よりも内側の領域では，電離したガスが円盤に垂直方向に高速で噴出する現象（原始星ジェット）も観測されている（図5.2）．これらの噴出現象は，回転する円盤状のガスと磁場との相互作用により生じているという説がもっとも有力である．このとき，ガスの角運動量も磁場を伴って外部へ放出される．角運動量が放出されることで，回転するガスが星へ向かって落下することができる．そのため，このような噴出現象は，星の形成において重要な役割を果たしていると考えられている．

5.3　原始惑星系円盤：惑星のゆりかご

　5.2節で述べたように，分子雲コアが自らの重力で収縮する際，原始星の周囲を取り巻く回転円盤ができる．これが**原始惑星系円盤**と呼ばれるものであり，惑星はこの中で形成されると考えられている．1980年代以降，赤外線や電波の観測

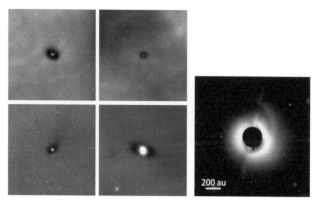

200 au

図5.4　左：可視光でみたオリオン星雲中の原始星と原始惑星系円盤．円盤が背景の光を遮って影として見えている．右：すばる望遠鏡で観測された前主系列星 HD142527の周りの原始惑星系円盤の近赤外線画像（国立天文台）．

から，多数の原始星や前主系列星に円盤が付随する証拠が見つかった．近年は，観測技術のめざましい進展によって，多様な原始惑星系円盤の様子が細かい構造まで観測できるようになってきている（図5.4，5.5）．これらの観測から，原始惑星系円盤の半径は約50-1000天文単位，質量は，一様ではないが，平均的には太陽の100分の１程度であると推定されている．

■ トピック

ALMA がとらえる惑星形成の現場

　アルマ（ALMA）望遠鏡は，南米チリ北部，標高5000 m のアタカマ砂漠にある66台のパラボラアンテナ（電波望遠鏡）からなる電波干渉計である．**アルマ望遠鏡は**，ミリ波（波長数 mm）やサブミリ波（波長数百 μm）の電波を使って観測する．サブミリ波は地球の大気中の水蒸気によって吸収されやすいが，水蒸気量が少ないアタカマ砂漠では，宇宙からのサブミリ波をより多くとらえることができる．このアルマ望遠鏡によって，既存の電波望遠鏡では見えなかった原始惑星系円盤の詳細な姿（図5.5）が明らかになってきた．なかでも，約100万歳の原始星であるおうし座 HL 星（図5.5左・中央）で，すでに惑星が形成されている可能性が見られたことは驚くべきことで，惑星形成論の再

考も迫られている．さらに，形成されつつある惑星を取り巻く「周惑星円盤」かもしれない姿など多種多様な原始惑星系円盤がとらえられるようになってきた．

図5.5　アルマ（ALMA）望遠鏡で観測された，おうし座 HL 星（左）と，うみへび座 TW 星（右）の周囲の原始惑星系円盤．中央はおうし座 HL 星をすばる望遠鏡で観測した近赤外線画像．円盤中に見られる溝のような構造は，円盤内の塵の分布の偏りか，すでに溝の中で惑星が形成されつつある兆候を示唆している．右図下（破線で囲んだ拡大図の箇所）の小さな電波源は，形成されつつある惑星を取り巻く「周惑星円盤」か，今後惑星になる塵を含むガスの渦と考えられる（ALMA（ESO/NAOJ/NRAO），NAOJ/Subaru）．

5.4　塵から惑星へ

5.4.1　惑星形成の標準モデル

　原始惑星系円盤の中で，惑星はどのように形成されるのだろうか．現在標準とされている惑星形成モデルは，1980年代に京都大学の**林忠四郎**らのグループが提唱した太陽系形成モデル（通称「京都モデル」）をベースにしている．ここでは，このモデルに沿って惑星系が誕生する過程をたどっていこう（図5.6）．

　前節で述べたように，原始太陽の周りには太陽の100分の1ほどの質量をもつ原始太陽系円盤が形成されたと考えられる．円盤の組成は太陽と同じで，ほとんどが水素，ヘリウムからなり，ごくわずかに酸素や炭素，ケイ素，鉄などの重い元素が含まれる．円盤の温度は低いので，ケイ酸塩，鉄，氷などの成分は凝縮してミクロンサイズのダストとして円盤の中を浮遊していただろう．ダストの総質

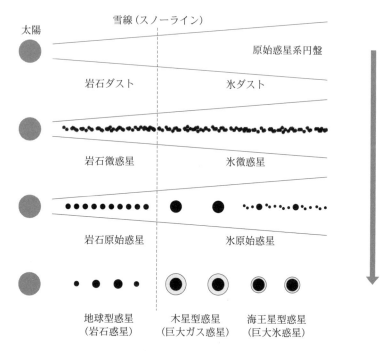

太陽

雪線(スノーライン)

原始惑星系円盤

岩石ダスト　　氷ダスト

岩石微惑星　　氷微惑星

岩石原始惑星　　氷原始惑星

地球型惑星　　木星型惑星　　海王星型惑星
（岩石惑星）　（巨大ガス惑星）（巨大氷惑星）

図5.6　太陽系形成の標準シナリオ模式図

量は，太陽組成を考えると円盤質量の約100分の1と推定される．これは，現在の太陽系の惑星に含まれると考えられる固体成分の総量とおおむね一致する．

　円盤内では，まず塵の集積によって**微惑星**（大きさ1‐10 km）が形成される．微惑星は互いの引力で引き合い衝突合体を繰り返して次第に成長するが，より質量の大きなものは強い重力によって周囲の微惑星をより多く集め，ますます大きくなっていく．十分に大きく成長すると，今度は逆に周りに集まる小さな微惑星の軌道を乱して弾き飛ばす（散乱）ためそれ以上成長しなくなる．その間に同じように成長してきた別の微惑星も同様に成長が止まり，同じくらいのサイズの天体がある程度の間隔で並んでできる．この段階の天体を「**原始惑星**」と呼ぶ．太陽系の微惑星は最終的にほとんど惑星に取り込まれたと考えられ，その生き残りや破片が**小惑星**や**彗星**だとされている．

　原始惑星の質量は太陽から遠いほど大きくなる．これは，太陽から遠いほど太陽重力の影響が弱く，原始惑星が広い領域から材料を集めることができるため

と，遠方では水が氷になっている分，固
体成分が多く存在するためである．原始
惑星系円盤内で水が凝結し氷となる境界
線は雪線またはスノーラインと呼ばれ，
原始太陽系円盤中では太陽から約3天文
単位の距離に相当する．雪線より内側で
は岩石の，外側では氷を含んだ原始惑星
ができる．水星，火星，天王星，海王星
の質量は，それぞれの位置でできる原始
惑星の質量の理論的推測値に近いため，
水星と火星は岩石の原始惑星の生き残
り，天王星と海王星は氷の原始惑星の生
き残り（が水素・ヘリウムのガスをまと
ったもの）と考えられるだろう．

　原始惑星形成後，およそ地球軌道より
内側では原始惑星同士の巨大衝突（ジャ
イアントインパクト；図5.7）が起こる．
金星と地球は，いくつかの原始惑星が衝
突・合体してできたと考えられる．木星
軌道付近では，原始惑星が成長し質量が

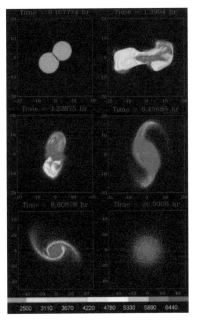

図5.7　巨大衝突のシミュレーション
　　　　(Southwest Research Institute).
　　　　地球質量の45％と55％の質量を
　　　　もつ原始惑星が衝突・合体し，
　　　　地球質量の惑星ができる様子.

地球の約5‐10倍に達すると，周囲の円盤ガスが原始惑星に向かって落ち込み，
原始惑星を核とする巨大ガス惑星（木星，土星）が形成される．さらに遠方で
は，ガスをまといきれなかった原始惑星が巨大氷惑星（天王星，海王星）とな
る．太陽から遠く離れるほど大きな原始惑星ができるが，一方で，太陽から遠い
ほど公転周期が長く，微惑星の空間密度が小さいため，原始惑星の形成に時間が
かかる．原始惑星の形成に時間がかかりすぎると，形成される前に円盤のガスが
散逸してしまい，ガスをまとうことができない．観測からは，円盤ガスは中心星
に落ち込んだり，原始星の星風によって吹き飛ばされたりして約1千万年程度で
散逸してしまうとされているので，木星と土星はこれに間に合ったことになる．
一方，天王星と海王星は，現在の位置で形成されたとすると，核となる原始惑星

が形成されるのに時間がかかりすぎる. そのため, 天王星と海王星はもう少し内側で形成され, その後現在の位置に移動したと考えられている.

このように, 太陽系形成モデルはまだ解決すべき多くの問題を抱えてはいるものの, 現在の太陽系の特徴を大枠ではうまく説明できているといえる. 6章で述べる多様な**太陽系外惑星**の発見により, 惑星形成モデルは見直しを迫られているが, 基本的な考え方はこの標準モデルをベースにし, 太陽系外惑星への拡張を考えることが多い.

5.4.2 多様な惑星系の形成

太陽系とは大きく異なる特徴をもつ太陽系外惑星系 (6章) が多数発見されたことにより, 太陽系形成の標準モデルはどのように拡張されるのだろうか.

たとえば, 惑星系形成の初期条件を決める原始惑星系円盤の質量には, 中心星質量の0.1％から10％くらいの幅があることが観測からわかっている (5.3節). 質量の大きい円盤では大きな原始惑星が短時間で形成され, 結果的に巨大ガス惑星が3つ以上形成される可能性がある. このような惑星系はいずれ惑星同士の重力相互作用によって軌道が大きく変化し, 中には中心星近くに移動して短周期巨大惑星 (**ホットジュピター**) になるものや, 系外に弾き飛ばされるものもあるかもしれない (惑星質量天体 (4.1.2節参照) の形成論の一つでもある). 反対に, 質量の小さい円盤ではガス惑星はあまり形成されず, 小型の岩石惑星と氷惑星だけの世界になるかもしれない.

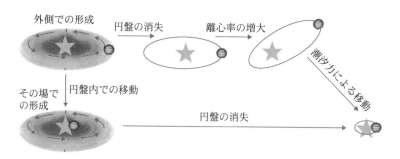

図5.8 惑星形成説の一例 (Fortney *et al.*, arXiv: 2102.05064v1)

　また，惑星は原始惑星系円盤の中で形成されている間，円盤との相互作用によって内側や外側に移動しうる．もともとは木星軌道あたりで形成された巨大惑星が中心星付近まで移動すれば，ホット・ジュピターとなる．実は，このような大規模な惑星の移動は理論的には太陽系外惑星発見前から指摘されていたが，太陽系の惑星はできた場所からそんなに大きくは動いていないと考えられるため，理論上の問題点と考えられていた．しかし，太陽系外惑星の発見によって，惑星系の多様性を生み出すメカニズムとして改めて認識されたのである．

章末問題

1. 原始星と主系列星とでは星の輝きの基となるエネルギー源が異なる．それぞれのエネルギー源を考えてみよう．

2. 分子雲コアが自らの重力で収縮を始めると，その中心部でガスの密度が増大して星が誕生するため，分子雲コアと主系列星では，その大きさが異なる．分子雲コアの大きさ（約0.1 pc）と太陽の大きさはどちらが何倍大きいだろうか．

3. 宇宙で最初に誕生した星と太陽とで，元素の組成はどのように異なるだろうか．宇宙で最初に誕生した星の周囲にも，地球のような惑星は形成されただろうか．

4. 分子雲から誕生した星は，図5.3のような過程を経て主系列星へと至る．温度が約10 Kの分子雲，約300 Kの原始惑星系円盤，約3000 KのTタウリ型星，約5800 Kの太陽（主系列星）は，どの波長でもっとも明るく輝くだろうか．これらの天体が黒体放射をしているとして（A8節参照），波長および電磁波の名称を考えよう．

5. 地球はおおよそいくつの原始惑星が巨大衝突（ジャイアントインパクト）して形成されたのだろうか？原始惑星の質量が現在の火星の質量とほぼ同じだとして見積もってみよう（表3.1参照（I-3.2節））．

第 6 章

太陽系外惑星

　太陽のように惑星をもつ星は他にもあるのだろうか——この人類の長年の問い
に答えが出されたのは，20世紀後半のことである．まず，1992年に**中性子星**（パ
ルサー）の周りに地球質量の天体が発見され[1]，1995年には太陽のような主系列
星の周りに惑星が発見された[2]．2021年現在，4500個を超える太陽系外惑星——
太陽以外の恒星を周回する惑星——が発見されており，宇宙において惑星は普遍
的に存在するものと考えられるようになった．これらの太陽系外惑星はどのよう
にして発見されたのだろうか．地球のように生命の存在する惑星は見つかるのだ
ろうか．なお，天文学分野では太陽系外惑星という用語は，太陽系の外惑星とと
られる場合もあるので，**系外惑星**という用語が用いられることが多い。本章でも
以下では系外惑星を用いる．

6.1　系外惑星の観測

　1995年に主系列星周りに初めて系外惑星が発見されると，堰を切ったように
続々と新しい系外惑星が見つかり始めた．太陽系から何百光年も離れたところに
ある惑星系をどのようにして見つけるのか，地球上からそれら惑星系のどのよう
な性質が分かるのか．ここでは，系外惑星の代表的な観測方法を3つ紹介する．

---

1) 中性子星の周りの惑星は太陽系とはあまりにも環境が異なり，他の中性子星に同種の天体がほとんど
　発見されないことから，一般的な系外惑星とは見なされていない．
2) 発見者であるミシェル・マイヨールとディディエ・ケローには2019年度ノーベル物理学賞が授与され
　た．

 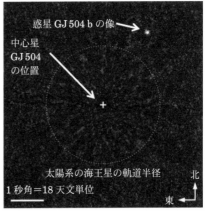

図6.1　地球から約60光年離れた太陽型の恒星（GJ 504）を周回する惑星 GJ 504 b.（左）直接撮像データ．中心星の光はコロナグラフ装置のマスクで抑えられている（抑え切れなかった光が中心星から放射状に広がっている．（右）信号がノイズに比べてどれくらい有意かを示す画像．GJ 504 b の像の信号はノイズより十分有意であることがわかる（国立天文台）.

6.1.1　直接撮像法

　自ら光り輝かない惑星は，恒星に比べるととても暗い．惑星からの放射は，可視光ではおもに中心星放射の反射，赤外線では惑星自身の熱放射によるものが支配的であるが，たとえば太陽と木星とを比較すると可視光では約10億倍，赤外線では多少差は小さくなるが約100万倍もの開きがある.

　系外惑星を直接撮像する，つまり，系外惑星の写真を撮るには，この微弱な惑星の光をとらえなければならない．きわめて近い角距離に圧倒的に明るい恒星があるため，高コントラストと高感度，高空間解像度を同時に実現できる観測装置が必要となる．図6.1は，赤外線で直接撮像された系外惑星の例である．これまでに**直接撮像法**によって数十個の惑星（候補天体含む）の発見が報告されているが，発見された惑星はいずれも相対的に検出が容易な角距離の大きい（軌道半径が大きく中心星から離れている），かつ赤外線で高光度の若い巨大惑星である.

6.1.2　視線速度法（ドップラー法）

　6.1.1節の直接撮像法で観測できる系外惑星は，現時点では限定的である．そ

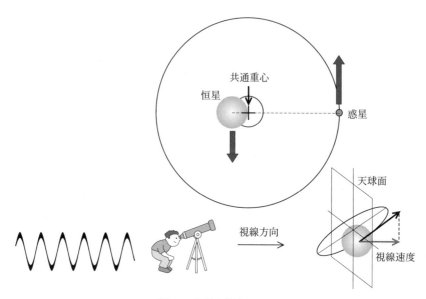

図6.2 視線速度法の原理

のため，これまでに見つかった系外惑星の大部分は，直接惑星の光をとらえたものではなく，惑星が恒星に及ぼす何らかの影響を間接的にとらえたものである．ここでは，惑星が恒星に及ぼす引力の影響を考えよう．

　恒星とその周りの惑星は，お互いに万有引力を及ぼし合いながら，それぞれが共通の重心の周りを回っている（図6.2）．このような恒星の運動を観測することができれば，惑星は見えなくても惑星の存在を知ることができる．

　簡単のため，ここでは円軌道を仮定する．恒星の質量を M，惑星の質量を m，恒星と惑星の間の距離を a とすると，共通重心周りの恒星の軌道半径 a_* は，次式で表される．

$$a_* = a\frac{m}{M+m} \sim a\frac{m}{M} \tag{6.1}$$

ここでは，恒星の質量は惑星の質量に比べて非常に大きいので，M に対して m は無視できるとしている．

　共通重心を周回する恒星の運動の速度 v は，円運動の方程式

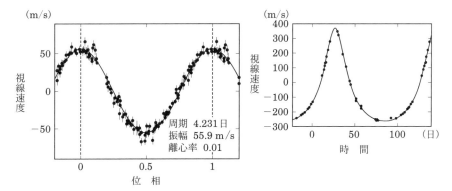

図6.3　惑星をもつ恒星の視線速度変化の例. 左：ほぼ円軌道の場合（ペガスス座51番星），右：かなり扁平な楕円軌道の場合（おとめ座70番星）（左：Marcy *et al.* 1997, *ApJ*, 481, 926-935, 右：https://epl.carnegiescience.edu/file/70vir-600x442jpg）.

$$M\frac{v^2}{a_*} = G\frac{Mm}{a^2}$$

に式(6.1)を代入し，さらにケプラーの第3法則（I-3.2.1節参照）を用いることによって

$$v = \left(\frac{2\pi G}{P}\right)^{1/3}\frac{m}{M^{2/3}}$$

と書ける. G は万有引力定数であり，P は公転周期である. 一般に天球面に対して軌道は傾いているので，天球面から測った軌道面の角度（軌道傾斜角）を I とすると，地球からみた視線方向の運動速度，つまり**視線速度** K として以下の式が得られる.

$$K = v\sin I = \left(\frac{2\pi G}{P}\right)^{1/3}\frac{m\sin I}{M^{2/3}} \tag{6.2}$$

　惑星をもつ恒星は，公転運動に伴い K を振幅として視線速度が周期的に変化するので（図6.3），これを観測することによって惑星を見つけることができると同時に，惑星の公転周期，質量を推定することができる（恒星の質量は別の方法で推定する）. ただし，軌道の傾き I は一般には分からないため，惑星の質量推定値には $\sin I$ の不定性が残る. ほぼ円軌道の場合は図6.3左のように正弦波的な変化になり，扁平な楕円軌道の場合は扁平度（離心率）に応じて図6.3右のよ

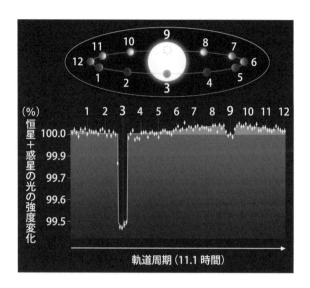

図6.4 トランジット法の原理. 上:トランジットの模式図. 下:トランジットによる恒星＋惑星の光の強度変化の例（LHS3844星系, NASA/JPL-Caltech/L. Kreidberg (Harvard-Smithsonian CfA)）.

うに歪んだ形になる. このようにして惑星を見つける方法は「視線速度法」, または, 視線速度は光のドップラー効果を利用して測定するため「ドップラー法」とも呼ばれる. 1995年, この方法で初めて主系列星であるペガスス座51番星の周りに系外惑星が発見された.

6.1.3 トランジット法

6.1.2節で考えた恒星と惑星の運動を, ちょうど軌道面に沿った真横の方向（軌道傾斜角〜90度）からみた場合を考えてみよう（図6.4）. このとき, 地球からは惑星が恒星の前を横切る様子（トランジット）が周期的に観測されるだろう. ただし, 恒星と惑星は地球からとても遠いため, 空間的に分離できないので, 図6.4上の絵のような画像が撮れるわけではない. 実際は, 恒星と惑星を合わせた光の強度が惑星の位置によって図6.4下のように変化する様子が観測されることになる.

　トランジットによる恒星の減光率は, 恒星と惑星の断面積の比によって決ま

る．恒星自身の放射強度を F，トランジットによる放射強度の減少を ΔF，恒星と惑星の半径をそれぞれ R_*, R_p とすると，減光率 $\Delta F/F$ は

$$\frac{\Delta F}{F} = \left(\frac{R_p}{R_*}\right)^2 \tag{6.3}$$

で表される．別の方法で恒星の半径を知ることができれば，減光率から惑星の半径が分かる．このようにして惑星を見つける方法が「トランジット法」である．木星サイズの惑星のトランジットは地上の比較的小さな望遠鏡でも十分観測可能であり，実際，多くのトランジット惑星が地上観測で発見されている．しかし，大気ゆらぎの影響で，地球サイズの惑星のトランジットは地上からは検出困難であり，宇宙望遠鏡による観測が必要である．

　惑星のトランジットが観測されると，単なる惑星の発見にとどまらず，惑星自身に関するさまざまな情報が得られる．たとえば，トランジットが観測されるということは，**軌道傾斜角**がほぼ90度であるということを意味するので，同じ惑星を視線速度法で測定することができれば，軌道傾斜角の不定性のない真の惑星質量を求めることができる．さらに，トランジットから分かる惑星の半径を使えば惑星の平均密度を計算でき，惑星の組成や内部構造に関する情報が得られる．

　惑星が恒星の前を通過するのとは逆に，惑星が恒星の背後に隠れる（二次食）場合がある（図6.4）．このとき，惑星からの光は地球に届かない．したがって，二次食前後の恒星と惑星が合わさった放射強度と比較することによって，惑星からの放射のみを取り出すことができる．惑星からの放射が測定できるということは，惑星の温度を推定することにつながる．さらに，これをいろいろな波長で観測すれば，波長ごとの惑星の放射強度から惑星大気の情報を得ることができる（惑星大気に含まれる原子・分子によって惑星自身の放射が吸収される）．

　トランジット中の恒星の減光率をさまざまな波長で測定することによっても，惑星の大気に関する情報が得られる．惑星に大気があると，大気中の原子・分子によって背後の恒星からの特定の波長の光が吸収されるため，その波長では減光率が大きくなることを利用するのである．これを**透過光分光**と呼ぶ（図6.5）．ハッブル宇宙望遠鏡や**スピッツアー宇宙望遠鏡**，すばる望遠鏡などの地上大型望遠鏡によって，さまざまな惑星大気の様子が分かってきている（6.2.3節）．

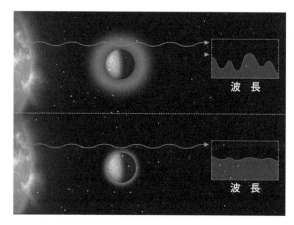

図6.5 透過光分光の原理. 上：惑星に広がった大気がある場合, 下：惑星に大気がない（大気が薄い）場合.

これら3つの方法以外にも, 惑星をもつ恒星の運動を天球上の位置変化としてとらえる「**アストロメトリ法**」, 遠方にある天体からの光が途中にある恒星（レンズ天体）の重力によって屈折して焦点を結び, 増光して見える現象（**重力マイクロレンズ**）を利用して, レンズ天体に付随する惑星を見つける「**重力マイクロレンズ法**」, パルサーのパルス間隔や恒星の脈動周期など, 天体からの規則的な信号がその天体の公転運動によって周期的にずれることを利用する「**タイミング法**」などの系外惑星発見法がある. 2021年現在, 重力マイクロレンズ法では約160例, **パルサータイミング法**では約45例の報告がある.

6.2 系外惑星の性質

前節で述べた方法を中心に, 2021年現在, 4800個を超える系外惑星が発見されている. ここでは, その特徴, 性質をまとめる.

6.2.1 惑星の種類と頻度

長期間の視線速度法による観測から, 太陽型星が公転周期10年未満に巨大惑星をもつ頻度は約10%, 他の種類を含め少なくとも1つ惑星をもつ頻度は約65%と

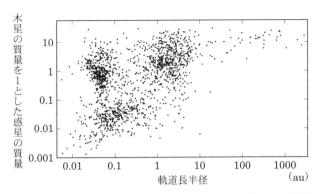

図6.6　これまでに見つかった系外惑星の質量と軌道長半径の分布（木星の質量を1とすると地球と海王星の質量はそれぞれ，0.003と0.046である）（データは NASA Exoplanet Archive にもとづく）.

いわれている．公転周期100日未満の短周期惑星の頻度は約50%，その多くが「スーパーアース」（〜1-10地球質量）または海王星質量（〜20地球質量）の惑星である．一方，ケプラー衛星によるトランジット法の観測からは，太陽型星の約55%に地球サイズ以上の短周期惑星が存在し，もっとも多いものは地球と天王星・海王星の間のサイズの（太陽系には存在しない）惑星であるといわれている．

6.2.2　軌道

軌道長半径は，おおむね0.02-20天文単位（周期にして約2日から50年）の範囲に分布している（図6.6）．公転周期約15年以上の惑星は周期を完全にカバーできていない場合が多く，不確定性が大きい．直接撮像では数千天文単位もの軌道半径をもつ惑星も見つかっている．巨大惑星は，非常に短い公転周期をもつもの（ホットジュピター）と，約1天文単位以遠に分布するものとに分かれている．ホットジュピターが数多く見つかっているのは見つけやすいからであり，実際の存在頻度は高々1％程度である．海王星質量以下の惑星には，公転周期30日くらいのものが多い．軌道の形は，短周期惑星を除いて楕円が一般的だが，低質量の惑星は巨大惑星に比べて円に近い形をとる傾向がある．極端な楕円軌道の惑星は「エキセントリックプラネット」などと呼ばれる．また，一つの恒星が複数の惑

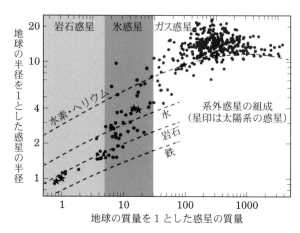

図6.7 系外惑星の組成．破線はそれぞれの組成をもつ惑星の質量と半径の関係を表す理論曲線（https://www.nap.edu/read/25187/chapter/4#24）．

星をもつ場合も多く，巨大惑星は30-50％が複数惑星系，低質量の惑星はそれ以上の割合で複数惑星系をなすといわれている．

6.2.3 組成，大気

　トランジット法と視線速度法の両方で確認された惑星については，平均密度や組成が推定されている（図6.7）．木星質量程度の巨大惑星は，基本的に水素とヘリウムを主成分としたガス惑星だと考えてよいが，半径は木星の2倍程度まで膨らんだものも多い．海王星クラスの惑星は幅広い半径をもち，ほぼ岩石（＋鉄）や氷でできているものや，それらが水素とヘリウムの大気をまとったものがあると考えられる．地球質量の数倍以下の惑星は，ほぼ岩石惑星と考えられる．

　トランジット惑星系では，複数の短周期惑星で惑星の周りに広がった水素とヘリウムガスの存在が報告されている．これらの惑星では，中心星からの強い放射によって大気が蒸発し流出していると考えられる．他にも，惑星大気中の原子（ナトリウム，酸素，炭素）や分子（水，メタン，一酸化炭素，二酸化炭素）の検出が報告されている例がある．一方，透過光分光によって波長ごとの減光率に違いがほとんど見られない惑星もある．これらの惑星では，大気中の雲や「もや」によって背後の恒星からの光が遮られ，大気を透過できないのではないかと

考えられている．現在，系外惑星の大気が観測されているのはおもに巨大惑星と一部の海王星型惑星やスーパーアースであり，地球サイズの惑星の大気については今後の超大型望遠鏡による観測が待たれる．

6.2.4　中心星の違い

　現在もっとも多く惑星が見つかっているのは，スペクトル型が FGK 型の主系列星，いわゆる太陽型星と呼ばれる恒星である．太陽質量の半分以下の小さな M 型主系列星でも近年精力的に惑星探索が行われており，巨大惑星はほとんど見つかっていないが，小型惑星の存在頻度は高いといわれている．逆に，質量が大きな恒星では巨大惑星が高頻度で見つかっている．このような傾向は，原始惑星系円盤の質量と巨大惑星の頻度に相関があることを示唆している．また，重元素を多く含む恒星ほど巨大惑星をもつ確率が高いことが分かっており，重元素が多い環境ほど固体材料が多く，巨大惑星が形成されやすいと考えられている．

　太陽のように単独で存在する恒星だけなく，連星系でも惑星が発見されている．連星の片方の恒星を回る惑星も，両方の恒星を回る惑星も見つかっている．また，巨星や白色矮星，星団に属する恒星の周りにも惑星（または惑星候補）が見つかっており，中心星と惑星形成・進化の関連が研究されている．

6.3　ハビタブル惑星と地球外生命探査

　これまでに発見された系外惑星の中に，生命をもつ可能性のある惑星はあるだろうか．惑星が生命をはぐくむために最低必要な条件は，液体の水が存在することだと考えられている．これは，地球上の生命が一生のどこかで必ず液体の水を必要とするためである．

　仮に地球のような惑星が水をもっていた場合，地表に水が液体として存在できる軌道範囲を**ハビタブルゾーン**（生命居住可能領域）と呼ぶ．中心の恒星からほどよい距離にあり，水がすべて蒸発してしまうほど暑くはなく，かといって，二酸化炭素が凍って温室効果が効かなくなってしまうほどには寒くはない領域である．現在の太陽系の場合，これに該当するのは太陽から大体0.97天文単位から1.4天文単位の範囲であり，この中に入るのは地球だけである（図6.8）．

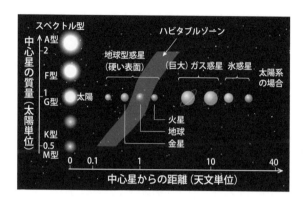

図6.8　さまざまな恒星とハビタブルゾーン．質量の小さな恒星ほど低温のため，ハビタブルゾーンは中心星の近くに位置する（https://www.e-education.psu.edu/astro801/content/l12_p を改変）．

　中心星が異なると，ハビタブルゾーンは当然異なる．高温の星の周りではハビタブルゾーンは遠方にあり，逆に低温の星の周りでは中心星の近くにある．同じ恒星の周りでもハビタブルゾーンは不変ではなく，太陽が巨星へと進化すれば，現在の地球軌道はハビタブルゾーンから外れる．また，実際の惑星の表面温度は惑星の大気の性質によって異なるため，地球と異なる大気をもつ惑星の場合は，ハビタブルゾーンにあってもハビタブルとは限らない．

　2021年現在，太陽系外の恒星のハビタブルゾーンにあるとされる地球サイズの惑星は約20個見つかっている．たとえば，2017年に発見された，TRAPPIST-1という恒星（距離約40光年，0.08太陽質量）の周りを回る惑星系は，地球サイズの7個の惑星からなり，このうち3個はハビタブルゾーンに入っている．TRAPPIST-1は低温の赤色矮星であるため，ハビタブルゾーンは中心星から約0.03天文単位（太陽系では水星の1/10以下）の位置である．また，太陽から一番近い恒星である赤色矮星プロキシマ・ケンタウリ（0.12太陽質量）の周りで2016年に発見された地球型惑星も，ハビタブルゾーンに入っているようだ．こちらは太陽からもっとも距離が近い（といっても約4光年だが）系外惑星ということで，今後の観測が特に期待されている．しかし，プロキシマ・ケンタウリは恒星表面でフレアやスーパーフレアと呼ばれる大爆発が度々起こっていることが知られており，惑星上の生命にとってはよい環境ではないかもしれない．

図6.9　エンセラダス内部の想像図（NASA/JPL-Caltech）

　一方，太陽系内にも，地球以外に生命が存在するのではないかと考えられている場所がある．その一つが，土星の第2衛星のエンセラダスである．エンセラダスでは，表面を覆う氷の割れ目から間欠泉が噴出している（図6.9）．その成分の分析から，衛星内部に広大な地下海が存在しており，海底には広範囲に熱水環境が存在すると考えられている．そこでガスや有機物を含む液体の海が岩石核と触れ合っており，その海水が宇宙に噴き出しているのである．地球では，深海底の熱水噴出孔が生命誕生の場だったのではないかとされており，そのような環境で生きる微生物が知られている．つまり，エンセラダスの内部海にも同様の微生物がいても不思議ではない．エンセラダス以外にも，土星の第6衛星のタイタンや，木星の衛星エウロパなどにも内部海が存在すると考えられており，同様に生命が存在する可能性が指摘されている．

　このように，太陽系内，系外に生命を探す地球外生命探査は今後ますます発展していくだろう．現在知られているハビタブル惑星・衛星候補が本当にハビタブルなのか，生命は存在するのか，あるいは他にもハビタブルな環境があるのか，今後の地上・宇宙からの大型望遠鏡による天文観測や惑星探査機による調査で明らかになると期待される．

■ 発 展

バイオシグナチャー（生命存在指標）

　地球には生命が存在する．この地球を宇宙からみると，どのように見えるだろうか．下図は，金星，地球，火星の赤外線スペクトルを示したものである．地球のスペクトルには，金星と火星には見られない，水とオゾンの吸収線が見られる．オゾンは，酸素分子が紫外線を吸収して酸素原子に光解離し，その酸素原子が酸素分子と結びつくことによって形成される．そしてその酸素分子は，植物の光合成によって生成されたものである．このため，地球以外に生命を宿す惑星を探す際，スペクトル中のオゾンは一つの指標になると考えられている．しかし，酸素は非生物的プロセスによっても発生することが知られている．そのため，系外惑星の大気中にオゾン（酸素）があるだけでは生命存在の証拠にはならない．では，大気成分以外に指標はあるだろうか．地球のような植生が広がっていると，可視光から近赤外線波長域にかけて特徴的な反射光パターン（レッドエッジ）を示すため，系外惑星の観測ではこれも指標の一つになりそうである．このような生命存在の指標を**バイオシグナチャー**とよぶ．

　何が生命の兆候として観測可能なのか，非生物由来の偽の兆候とどうやって区別するのか．天文学や惑星科学，化学や生物学など，さまざまな分野を融合した**宇宙生物学**（アストロバイオロジー）の研究がさらに進展していくことが期待される．

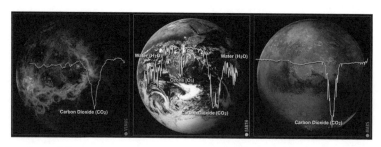

図6.10　左から金星，地球，火星の赤外線スペクトル（ESA2001. Illustration by Medialab.）

6.4　ドレイクの式

　ここまで述べてきたように，銀河系において惑星は普遍的に存在するものだということが系外惑星探索の結果から分かってきた．また，ハビタブル惑星の探索も進んでいる．では，これらの惑星に我々と交信可能な文明が存在する確率はどれくらいだろうか．

　1961年，アメリカの天文学者**フランク・ドレイク**が提唱した「**ドレイクの式**」がある．銀河系において我々と交信可能な惑星の数 N を，7 個の数値の掛け合わせで表したものである．

$N = R_* f_p n_e f_l f_i f_c L$

R_*：銀河系で 1 年間に生まれる恒星の平均数（個/年）

f_p：惑星系を有する恒星の割合

n_e：1 つの恒星の周りの惑星系で生命の存在が可能となる惑星の平均数

f_l：上記の惑星で実際に生命が発生する割合

f_i：発生した生命が知的生命体にまで進化する割合

f_c：知的生命体が星間通信を行うほど高度な技術を獲得する割合

L：そのような高度文明が星間通信を行い続ける期間（年）

　掛け合わせる数値は，比較的分かってきたものもあるがほとんど分かっていないものものあり，人によって N は 1 以下にも 1 億以上にもなる．ドレイクは，それぞれの数値を10，0.5，2，1，0.01，0.01，10000とし，$N = 10$ という値を示した．R_* は銀河系の恒星の数（約1000億個）と宇宙の年齢（138億年）から，f_p は系外惑星探索の観測結果によると大体これくらいだろう．n_e は単にハビタブルゾーンにあるだけではハビタブルとはいえないことから，値はもう少し小さいかもしれない．f_l は今のところ地球しか例がないのでなんともいえないが，いずれ天文観測や惑星探査によってある程度の答えが出そうだ．f_i 以降の数値についてはよく分からない．L については，人類自身が一つの答えを出すことができるだろう．

　地球外の知的文明を探す活動は SETI（Search for Extraterrestrial Intelligence）と呼ばれる．1960年にドレイクが行った，恒星に住む知的文明が発しそ

うな周波数1420 MHz の電波（中性水素原子の波長21 cm の輝線）を調べる「オ
ズマ計画」に始まり，現在は SETI 研究所などによって電波や可視光を用いた探
索が継続的に行われている．

章末問題

1. 太陽を太陽系の外から観測した場合，太陽はどのような視線速度変化を
   示すだろうか．太陽と木星，太陽と地球の系について考えてみよう．惑
   星の軌道は円で軌道面に沿った方向から観測したと仮定しよう．
2. 太陽の前を木星と地球がトランジットしたとする．それぞれの場合の太
   陽の減光率を求めよう．

第 7 章

銀河と宇宙の大規模構造

　本章では宇宙のもっとも基本的な要素である**銀河**の誕生と進化，及びさまざまな性質について解説する．銀河といえば，私たちが住んでいる銀河系（天の川銀河）や近傍の宇宙にある**渦巻銀河**や**楕円銀河**に関する解説が主として行なわれる．しかし，銀河を総合的に理解するには，宇宙138億年の歴史の中で，銀河の誕生と進化に注意を向ける必要があるので，その点にも留意しながら解説していくことにする．

7.1　銀河の世界

7.1.1　銀河系と銀河の階層構造

　私たちの住んでいる**銀河系**（天の川銀河；図7.1）には太陽のような星が約2000億個もある．太陽の質量は 2×10^{30} キログラムなので，銀河系の星質量（星の質量の総和）は 10^{41} キログラムである．ところが，銀河系は**ダークマター**（正体不明の暗黒物質；8.4節参照）に取り囲まれており，総質量はもう一桁増えて 10^{42} キログラムにもなる．大きさは約10万光年（1光年＝9.46兆キロメートル）．光の速度で横断しても10万年もかかるほど大きい．

　しかし，この重くて巨大な銀河系は特別なものではない．宇宙には銀河系のような銀河が1兆個ぐらいあるからである[1]．銀河は質量が大きいので集団化する

1）宇宙にある銀河の数は，矮小銀河をどこまで含めるかによって10倍以上異なった推定値になることがある（銀河系にある恒星の数にも不定性があり，1000億個–2000億個程度と推定されている）．

図7.1 精密位置観測衛星ガイア（Gaia）による銀河系の姿．銀河系は渦巻銀河（円盤銀河）だが，太陽系は円盤の中に位置している．そのため，円盤を真横から眺めているので，このような姿になる．明るく見えているところには多数の星々がある．一方，暗い帯のように見えているところには密度の高いガス星雲がある．そこに含まれている塵（ダスト）粒子が背景の星の光を吸収しているため，暗く見えている．右下に見える小さな銀河は銀河系の衛星銀河である大マゼラン雲（右）と小マゼラン雲（左）である（https://sci.esa.int/web/gaia/-/60169-gaia-s-sky-in-colour；QR コード）．

傾向がある．銀河が織りなす宇宙の大規模な構造については7.3節で詳しく述べるが，銀河の**階層構造**について簡単にまとめておこう（表7.1）．

表7.1　銀河の階層構造

階層	質量（$M_\odot$）	光度（$L_\odot$）	サイズ（kpc）
銀河	$10^9 - 10^{12}$	$10^9 - 10^{12}$	1 -10
銀河団	$10^{13} - 10^{15}$	$10^{13} - 10^{15}$	100 - 1000
超銀河団 [a]	$10^{15} - 10^{16}$	$10^{15} - 10^{16}$	10000
空洞 [b]	–	–	1000 - 10000
（参考）太陽 [c]	1	1	5×10^{-11}

[a] 銀河団が連なった構造．力学的な平衡状態には達していない．
[b] 銀河がほとんど存在しない領域．ボイド（void）と呼ばれる．
[c] 太陽の質量と光度と直径はそれぞれ $M_\odot = 2 \times 10^{30}$ kg，$L_\odot = 4 \times 10^{26}$ W，140万 km である．

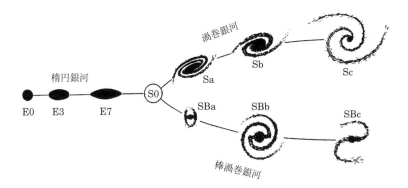

図7.2　ハッブルによる銀河の形態分類．この図は『The Realm of the Nebulae』（エドウイン・ハッブル，New Haven: Yale University Press，1936年；邦訳は『銀河の世界』（戎崎俊一，岩波文庫，1999年）で公表された．分類の基準については1926年に公表している（Extragalactic Nebulae, Hubble, E. P. 1926, *ApJ*, 64, 321）（https://astro-dic.jp/hubbles-tuning-fork-diagram/）．

7.1.2　銀河のハッブル分類

　宇宙にはさまざまな形をした銀河がある．銀河の形は銀河の動力学的な性質を反映しているので，銀河の物理的理解の助けになる．しかし，銀河の形を正確に見抜くのは，なかなか難しいので注意が必要である．他の銀河や自分自身の衛星銀河との相互作用が形態に影響を与えるためである．

　ここでは，銀河の形態分類として有名な**ハッブル分類**を見ておくことにしよう（図7.2）．米国の天文学者**エドウイン・ハッブル**はアンドロメダ銀河が銀河系の外にある別の銀河であることを見抜いた人である[2]．

　図7.2に示した銀河の形態分類には，三つの分枝がある．左側には楕円銀河，そして右側には渦巻銀河と棒渦巻銀河がある．渦巻銀河と棒渦巻銀河との違いは，円盤部に棒状の構造があるかどうかである．この差を気にしなければ，2種

2）論文は "Cepheids in spiral nebulae" というタイトルで，1925年に出版された．それまで，銀河系の中にあるのか，外にあるのかわからなかったアンドロメダ星雲が銀河系とは独立した銀河であることが初めてわかった．これは当時としては大ニュースであり，1924年の暮れにはニューヨーク・タイムス誌が大々的に報じて話題を集めた．ハッブルのこの発見が星雲から銀河の時代への転換点であった．

図7.3　ハッブル分類における円盤銀河の"正しい"位置付け．S0銀河はハッブルが分類体系を提示したときには，まだ発見されていなかった．そのため，楕円銀河と渦巻銀河を繋ぐ，仮説的なクラスとして導入されたものである．しかし，その後，渦巻構造を持たない円盤銀河であるS0銀河が実際に発見されるようになった（多くは銀河の個数密度の高い銀河団で発見された）．S0銀河にも棒状構造を持つものが見つかり，S0にはS0とSB0型の両方のタイプがある．図7.2にも記載されていないが，ScとSBcの右側には，規則的な形状を持たない不規則型銀河（Irr［irregular］）が存在する．多くの場合，矮小銀河で見受けられるタイプである．さらに，特異銀河（Pec［peculiar］）と呼ばれるものがあるが，これらは銀河同士が相互作用，あるいは合体して特異な形状を示す銀河である．近傍宇宙にある銀河の数％が特異銀河である

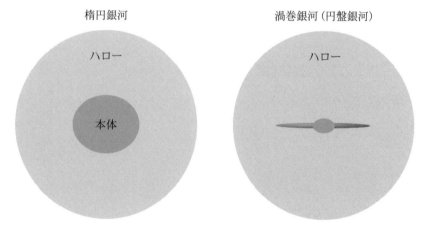

図7.4　（左）楕円銀河，および（右）渦巻銀河（円盤銀河）の基本的な構造．渦巻銀河は真横から見た姿である．

類とも渦巻銀河である．調べてみると，棒状の構造の有無で，渦巻銀河の性質はほとんど変わらない．また，渦巻銀河には星々でできた円盤構造があるが，これに着目すると円盤銀河と呼んでもよい（図7.3）．

　楕円銀河と渦巻銀河（**円盤銀河**）の基本的な構造は図7.4のとおりである．両者とも銀河本体より数倍もの大きさの**ハロー**に取り囲まれている．このハローの

主成分はダークマター（暗黒物質）である.

■ トピック

新たな楕円銀河：箱型と円盤型

楕円銀河では恒星の運動はランダムな運動が卓越している（7.2.3節参照）.
しかし，中には回転運動が大きなものもある．そこで，楕円銀河の形態を詳細
に調べてみると，二種類の楕円銀河があることがわかってきた．一つは箱型楕
円銀河，もう一つは円盤型楕円銀河である.

これらは形態に差があるだけでなく，含まれている恒星系の運動状態も異な
ることがわかっている．円盤型楕円銀河では予想通り回転運動が卓越し，箱型
楕円銀河ではランダム運動（速度分散が大きい）が卓越しているのである.

両者はおそらく成因が異なるのだろう．まだよく理解されているわけではな
いが，銀河の分類体系にこの両者を区別して導入しようという動きがある（図
7.5, Kormendy, J., & Bender, R. 1996, *ApJ*, 464, L119）．楕円銀河は一見する
と単純な形状の銀河のように思えたが，実のところ一筋縄では理解できない銀
河であることに注意する必要がある.

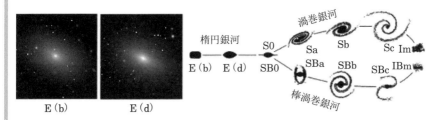

図7.5　（左）箱型（boxy）と円盤型（disky）楕円銀河の例．左の E (b) が箱型（長方形のよ
　　　うな形）で，右の E (d) が円盤型の例である．（右）箱型と円盤型楕円銀河を入れた
　　　銀河のハッブル分類改訂版 9 図を改変（https://ned.ipac.caltech.edu/level5/Sept11/
　　　Buta/Figures/figure5.jpg）.

7.2 銀河宇宙の誕生と進化

7.2.1 ハッブル分類は138億歳の宇宙でのスナップショット

さて，ここまで銀河のハッブル分類に準拠して，銀河の性質について見てきた．ハッブル分類が提案されたのが1926年のことだから，約1世紀に渡って，銀河研究のガイドラインとして利用されてきたことがわかる．

ハッブルが銀河の分類に使った銀河は近傍の宇宙に見えるものである（図7.6）．当時の観測で形態が詳細にわかるものを選ぶので，これは当然である．現在の宇宙年齢は138億歳であるが，結局のところ，ハッブルは現在の宇宙で観測される銀河の形態を調べたのである．

ここで大切なことは，銀河の形態は時間とともに変化することである．銀河の年齢はおおむね130億歳以上であるが，生まれたときには現在のように大きく，明瞭な形態を持っていたわけではない．ハッブル分類では138億歳の現在の宇宙でのスナップショットが用いられたことに留意する必要がある．

7.2.2 宇宙の誕生と進化

まず，宇宙の誕生と進化の様子を図7.7に示す．詳細は第8章の宇宙論の項目を参照されたい（8.3節と8.4節）．

7.2.3 銀河の誕生と進化

では，銀河がどのように誕生し，進化してきたかを見ていこう（図7.8）．銀河の種が生まれるのは宇宙誕生後2億年の頃である．その頃，重力不安定性で誕生したダークマターハロー（ここでのハローは"塊"を意味する）の質量は太陽質量の数百万倍程度である．現在の銀河のダークマターハロー（質量は太陽質量の1兆倍程度）の100万分の1程度と軽く，そのサイズも数百分の1でしかない（数千光年程度）．このダークマターハローの中に集められた元素物質（バリオン［陽子や中性子などの重い素粒子］）が初代星を作るもとになる．初代星が生まれれば銀河の種の誕生である．

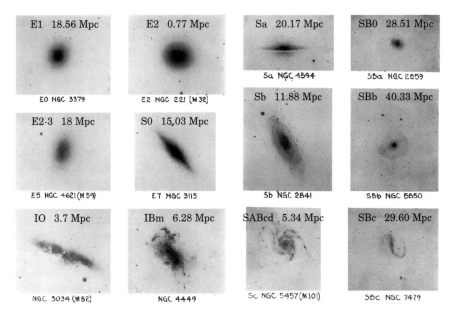

図7.6　ハッブルが1926年の論文で銀河の分類に使った銀河の例．銀河の名前とハッブルが分類
した形態は各パネルの下側に示されている．各パネルの上部に示したものは現在の銀河
のカタログ（The 3rd Reference Catalogue of Galaxies, de Vaucouleurs, G., *et al.* 1991）
に与えられている形態と銀河までの距離である．1 Mpc（メガパーセク）＝326万光年
（1 pc ＝3.26光年）なので，ここに示されている銀河はいずれも1億3000万光年より近
い銀河である（NGC 5850の40.33 Mpc が一番遠い）．ハッブルは NGC 3115の形態を E7
としたが，現在では S0と分類されている[3]．不規則型銀河（左図の下段に示されている
2個の銀河）で NGC 3034（M82）は IO となっている．これは不規則型銀河（Irr）の
中でダストレーン（塵粒子による吸収帯）が見えるものを意味する．また，IBm は不
規則型銀河の中で棒状構造が示唆されるものである．m はマゼラン星雲に類似した不
規則性を示すものに付けられている．渦巻銀河で NGC 5457は SABcd となっている．
AB は普通の渦巻と棒渦巻の中間的なタイプを意味する（普通の渦巻銀河は S だが，棒
渦巻銀河の SB に対して SA とする流儀）．cd は渦巻銀河のサブクラスを Sa → Sb → Sc
→ Sd → Sm というように細分した分類体系に出てくる c と d の中間的なタイプという
意味である．なお，銀河分類で Sm の後に続くのが不規則型銀河 Irr である．

3）ハッブルは銀河を楕円銀河と渦巻銀河に大別した．渦巻銀河は円盤銀河であるが，円盤には渦巻きが
　　あると考えていたようだ．NGC 3115の場合，横向きの方向から観測されるので，渦巻があるように
　　は見えない．そのため，楕円銀河 E7に分類されたと考えられる．

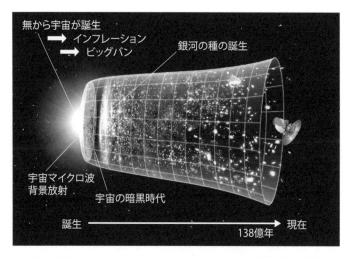

図7.7 宇宙の誕生と進化のシナリオ．この図は宇宙マイクロ波背景放射を観測した衛星である
WMAP（Wilkinson Microwave Anisotropy Probe）衛星のホームページにある図を改変
したものである．そのため，**宇宙マイクロ波背景放射**のマップが強調されている．しか
し，この頃の宇宙の大きさは現在の宇宙の大きさの約1000分の１でしかなく，この図に
再現するとほぼ点のように小さい．このことに注意して見てほしい（https://map.gsfc.
nasa.gov/media/060915/index.html）．

　その後は，周辺にあったダークマターハロー同士がどんどん合体を繰り返しな
がら，次第に大きな銀河へと育っていく．合体の際に正面衝突ではない軌道を取
ると，軌道角運動量が合体した銀河の角運動量になる．これが，円盤構造の成因
である．宇宙誕生後，数十億年以上の時間が経過すると，渦巻銀河が成長してく
る．一方，多重合体が起こる場合は，星々の運動がランダムになるため，楕円銀
河が形成される．

　ここで紹介したシナリオで重要なことは，宇宙の初期には現在の宇宙で見られ
るような楕円銀河や渦巻銀河は存在していなかったことである．楕円銀河や渦巻
銀河はダークマターハローの合体を通じて数十億年の時間をかけて育まれてきた
ものなのである．今から100億年前にハッブルがいたら，銀河のハッブル分類は
現在のものとは似ても似つかぬものになっていただろう．

　では，銀河の形態の進化の様子を見てみよう（図7.9）．現在観測されているも
っとも遠方の宇宙にある銀河はGN-z11と呼ばれる銀河である．宇宙年齢は４億

2 億年　　　　　　　　10 億年　　　　　　　　30 億年

宇宙年齢

ダークマターの重力で原始物質が集められ密度の高いガス雲ができその中で星が生まれる（銀河の「種」の誕生）

銀河の種が重力で集まり，合体しながらどんどん大きく成長していく

合体しながら角運動量を獲得するので，円盤構造が発達してくる

100 億年　　　　　　　　　　138 億年＝現在

宇宙年齢

その後も周辺の小さな銀河が合体して成長する

現在の宇宙で観測されるような円盤銀河ができあがる
なお，合体は今後も続いている

図7.8　銀河の誕生と進化の様子（国立天文台4D2U プロジェクト，QR コード）

年（赤方偏移 $z = 11$）である．図7.9の左下の写真を見るとわかるように，この銀河は不規則型銀河，あるいは特異銀河と分類するしかない．

　このように，銀河の形態は宇宙の歴史の中で大きく変遷を遂げてきたのである．しかしながら，現在の宇宙では，銀河のハッブル分類が銀河の形態分類としては成功を収めていることも事実である．この理由はなんだろうか？　それは，銀河の合体がおおむね終わりを告げ，銀河が力学的には安定期の時代を迎えているためである．

　銀河の進化の様子を見るとわかるように（図7.8），実のところすべての銀河は**合体銀河**と考えてよい．ただし，現在の銀河では回転楕円体構造（楕円銀河）や円盤，棒状構造，そして**バルジ**（渦巻銀河や S0銀河）が卓越した状態になって

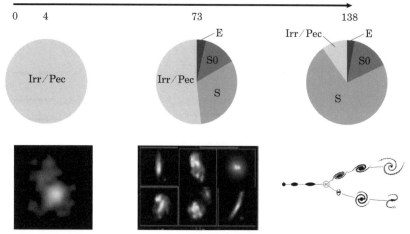

図7.9 宇宙の歴史の中で起こる銀河の形態の進化.（左）宇宙年齢＝4億年（赤方偏移 z ＝ 11）：ほとんどの銀河は不規則型銀河（Irr）か，特異銀河（Pec）である．下に示した 例は赤方偏移 z ＝11の GN-z11.（中央）宇宙年齢＝73億年（赤方偏移 z ＝0.6）：不規則 型銀河と特異銀河が50％以上を占める．下の図は Delgado-Serrano, R., *et al.* 2010, 509, A78による．（右）宇宙年齢＝138億年（赤方偏移 z ＝0）：下の図は現在観測される銀河 のハッブル分類（GN-z11:http://hubblesite.org/newscenter/archive/releases/2016/07/ image/a/）.

いるので，ハッブル分類が銀河の動力学的な構造を理解するのに役立っているの である.

　しかし，銀河のカタログに掲載されている銀河の形態は，単に形態の特徴を提 示しているだけである．そこでは，「なぜその形をしているか」は問われないの である．本来なら，これが問われてこそ，銀河の形態学の意味がある．その際， 銀河の合体がそれらの構造の形成にどのような役割を果たしたのか考えること が，非常に重要であることを忘れてはいけない.

7.3　集団化する銀河の行方

7.3.1　宇宙膨張と重力のせめぎ合い

　前節で見たように銀河は小さな種として生まれ，その後どんどん合体して育ってきた．これは，宇宙における構造（銀河）を作る力が重力（引力）であるためである．

　ただ，宇宙は膨張している．銀河は宇宙のある場所に位置しているが，宇宙にある銀河は宇宙膨張の効果でお互いに離れていく（図7.10）．単純に考えると，銀河同士が宇宙の中で遭遇して衝突・合体するとは思えない．

　しかし，銀河は宇宙に一様に分布しているわけではない．ダークマターの密度が高い領域で選択的に多く生まれている．そのため，銀河同士がお互いに重力圏内に存在する場合がある（集団の場合は後で述べる銀河団になる）．この場合は，重力が宇宙膨張の効果を凌駕して，お互いに近づき，相互作用することになる（図7.11）．

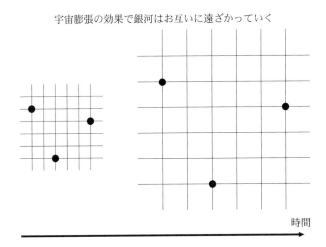

宇宙膨張の効果で銀河はお互いに遠ざかっていく

時間

図7.10　宇宙膨張の効果で銀河同士がお互いに遠ざかっていく様子．銀河は黒丸（●）で示されている．

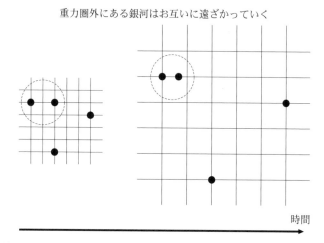

重力圏外にある銀河はお互いに遠ざかっていく

時間

図7.11 破線で囲まれた二個の銀河はお互いの重力圏内に入っているため，宇宙膨張の効果を振り切って相互作用する．図7.10と同様に，銀河は黒丸（●）で示されている．

7.3.2 銀河の環境

7.1節で紹介したように，銀河は階層構造を成しており，宇宙における銀河の空間分布はかなり偏っている．つまり，あるところにはたくさんあるが（銀河団や超銀河団），ないところにはまったくない（ボイド）．実のところ，極端な分布をしているのである．これを**宇宙の大規模構造**と呼ぶ．

ここで銀河の階層について，もう少し詳しく見ておくことにしよう．7.1節では簡単のために，力学的に落ち着いた階層としては銀河と銀河団だけを紹介した．これら以外にも，知られている階層としては**連銀河**と**銀河群**があるので，再度まとめ直しておくことにする（表7.2）．

表7.2に最初に出てくるのは孤立銀河だが，宇宙に厳密な意味での孤立銀河があると考えるのは馴染まない．なぜなら，現在受け入れられている銀河形成論が階層構造的な合体モデルであるためである．どんな銀河も合体を通じて成長してきたのであれば，その環境は孤立していることはない．ただ，138億歳の現在の宇宙で眺めると，銀河の個数密度が非常に低い場所にある銀河は一見すると孤立しているように見えることがある．それらは，すでに銀河相互作用や合体の影響

表7.2　力学的に落ち着いた銀河の階層

階層	銀河の個数	サイズ (kpc)
孤立銀河	1	1 – 10
連銀河	2	< 数十
銀河群[a]（コンパクト）	4 – 数十	数十
銀河群[b]（ルース）	3 – 数十	数百
銀河団	数百 – 数千	100 – 1000

[a] 数個の銀河が密集して存在している銀河群．ヒクソン（Hickson, P. 1982. *ApJ*, 255, 382）によって定義された銀河群だが，定義上，銀河の個数は4個以上になっている．ただし，一般的には3個以上の銀河の集まりが銀河群と呼ばれる．

[b] 銀河の密集度合がゆるい銀河群．銀河系やアンドロメダ銀河が存在している局所銀河群などがその例．

が消えて，端正な形をした銀河に見えている．典型的な銀河は2 – 3億年で1回転している．回転すると相互作用などの影響はどんどん薄められていく．そのため，数回転以上経験した銀河では，相互作用の痕跡が見えにくくなってしまうのである．

　図7.12の左上にM33を示した．美しい渦巻銀河である．特に，非対称な構造も見えないので，一見すると孤立銀河のように見える．しかし，M31（アンドロメダ銀河：図7.12右上）と数十億年前に遭遇したと考えられている．その際，M33はM31との相互作用で形態に乱れが生じたはずである．ところが，現在ではその痕跡はまったく見えていない．

　銀河系は，今紹介したM31とM33を含んだ局所銀河群と呼ばれるルース（loose）な銀河群に属している（図7.12下）．数十個の銀河が属しているが，これらは孤立している銀河と認定することはできない．たとえば，5000光年の広がりを持つ銀河群の中を秒速100キロメートルで銀河が運動すると，2千万年で銀河群の中を横切ることができる（これを**横断時間**と呼ぶ）．局所銀河群は生まれてから100億年以上の時間が経過しているので，その間にメンバーの銀河は何回か遭遇しているのである．

　さて，階層構造的合体モデルの枠組みでは，**局所銀河群**はこのままの状態で存在し続けることはない．銀河同士の合体が進行し，いずれはひとつの巨大な楕円

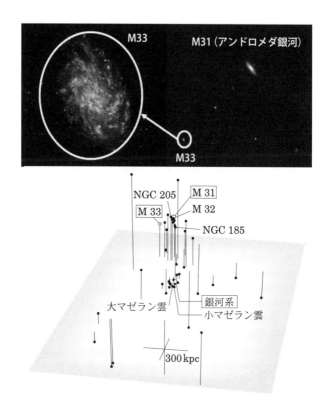

図7.12 （左上）M33，（右上）M33とM31．（下）銀河系が含まれる局所銀河群の様子．銀河の位置は黒丸（●）で示されている．縦棒はグレーの基本面からの距離である．図中に示されているスケールである300 kpcは約100万光年に相当する．矮小銀河も含めて数十個の銀河が数百万光年の領域に拡がっている（https://astro-dic.jp/local-group/（『銀河II［第2版］』5.2節，図5.2参照）．

銀河になっていくのである．

　その手始めは銀河系（天の川銀河）とアンドロメダ銀河である．40億年後に最初の合体が起こり，3回目の合体でひとつの楕円銀河になる．今から60億年後のことである．この合体には，M33や銀河系とアンドロメダ銀河の衛星銀河も巻き込まれる．そして，局所銀河群全体もひとつの楕円銀河に進化していく．今から1000億年後のことである（以下を参照されたい；谷口義明『天の川が消える日』，日本評論社，2018年）．

7.3.3　宇宙の大規模構造

　1億光年以内の宇宙を調べると，約七割の銀河は銀河群（主としてルース銀河群）に属していることが分かっている．また，より規模の大きい銀河団（おとめ座銀河団など）もある．

　宇宙は一様で，どの方向を観測しても同じように見える（等方的）．これは「**宇宙原理**[4]」と呼ばれる．宇宙原理は宇宙論の研究において，長い間指導原理（ガイディング・プリンシプル）として用いられてきた．実際，1980年ぐらいまでは，銀河団は銀河が集まって分布している特別な場所であると考えられていた．そして，それ以外の場所では銀河はおおむね一様に分布しており，**フィールド**と呼ばれていた．当時は，銀河の環境としては銀河団とフィールドしかなく，宇宙の大半はフィールドと呼ばれる領域だと考えられていたのである．

　しかしながら，1980年代後半から始められた宇宙の地図作り（銀河の空間分布調査）はその期待を裏切ることとなった．その先駆けとなったのは，宇宙の空洞（銀河がほとんど存在しない領域，**ボイド**）の発見である．これは1981年のことだった．「うしかい座」の方向に見える銀河の分光サーベイをした研究者らがボイドを発見したのである．観測した視野の広さを加味すると，なんと100万Mpc^3もの広さの領域に相当する．

　しかし，このような領域が一箇所しかないのであれば，たまたまそういう領域があるということで理解はできる．ところが，その後，米国のCfA（Harvard-Smithonian Center for Astrophysics）が行った宇宙地図作りで，ボイドの存在のみならず，宇宙の大規模構造が見えてきたのである．

　CfAサーベイの他にも同様な探査が行われたが結果は同じであった．さらに，

4）一様・等方に時間変化もしないことを付け加えると，「完全宇宙原理」と呼ばれる．相対論を構築したアルバート・アインシュタインは理論を構築した当時は「完全宇宙原理」を信じていた．そのため，一般相対性理論（重力理論）で予想される時間変化する（膨張あるいは収縮）宇宙に困り果て，恣意的に自らの理論（アインシュタイン方程式）に**宇宙項**（**宇宙定数**）を付け加えたことは有名である（8.1節を参照）．そのことはアインシュタインの蛮行としか言いようがない．しかし，現在では宇宙項とダークエネルギーの類似性が議論されている．もし，ダークエネルギーが時間変化しない性質を持つのであれば，実質的には宇宙項と同じになる．アインシュタインはお墓の中で微笑んでいるかもしれない．

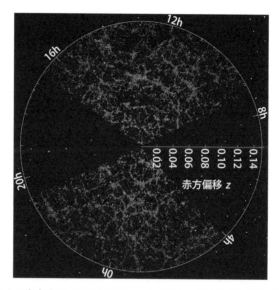

図7.13 SDSS による宇宙地図. 天の赤道に沿って天球を一周する幅2.5度の帯状領域にある銀河の奥行きを示したもの. 銀河系は円の中心にあり, 奥行きで赤方偏移 $z = 0.14$ は約18億光年に対応する. 銀河は一つの点で表されている. 銀河の分布には大きなムラがあり, 宇宙の大規模構造がよくわかる (https://www.sdss.org/wp-content/uploads/2014/06/orangepie.jpg).

大規模な探査としてスローンディジタルスカイサーベイ (SDSS) が行われた. その結果, 宇宙の大規模構造は約20億光年彼方まで広がっていることが分かった (図7.13). また, 観測した視野は狭いものの, 深宇宙探査の結果, 大規模構造ははるか100億光年の彼方まで続いていることも分かってきている.

　宇宙の大規模構造については観測による発見が先行した形になったが, 理論的には予想されたことでもあった. なぜなら, 銀河形成論として冷たいダークマターによる階層構造的合体モデルが提唱されていたからである. ダークマターの密度の高い領域では当然のことながら多くの銀河が形成される. また低密度の領域では銀河の形成が進まない. この様子はコンピューター・シミュレーションで確認されている.

　こうしてみると, この宇宙は銀河を作るというよりは, 宇宙の大規模構造を形成しつつ, 銀河を育んできたと考える方が正しい. 銀河はその置かれた環境の中で, さまざまな相互作用を経験しながら, 現在観測されているようなものに育っ

てきたのである.

　銀河のハッブル分類は現在のスナップショットを見ただけの分類体系であった. しかし, 宇宙の歴史の中で考え直してみると, やはりその意義は大きい. なぜ, 今, そのような形をしているのかを考えれば, 銀河の形成過程が見えてくるからである. 銀河のハッブル分類を銀河研究のガイドラインに設定したのは, やはり正しかったのである. ハッブルの慧眼に感謝して, この章を終えることにしたい.

■ トピック

銀河のハッブル分類の遺産 (早期型銀河と晩期型銀河)

　ハッブルは銀河の形態分類を銀河の進化を理解するために構築した. 本文で述べたように, その考えは間違っている. しかし, その名残は残っている.

　ハッブルは楕円銀河とS0銀河は早期型銀河, それ以降の渦巻銀河は晩期型銀河と名付けた (図7.14). また, この図の下に示したように, 円盤銀河の中でも早期型円盤銀河と晩期型円盤銀河と名付けたのである.

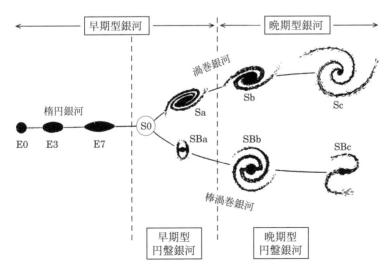

図7.14　ハッブル分類における早期型と晩期型の細分類

これらの名称は物理的には意味がないが，現在でも用いられている．ハッブルの遺産というべきだろうか．

章末問題

　深宇宙探査（狭い天域であるが，非常に暗い天体まで探査すること）の結果を用いて，宇宙にある銀河，星，および惑星の個数を概数でよいので評価してみよう．ここではハッブル宇宙望遠鏡によって行われた，ハッブル・エクストリーム・ディープ・フィールド（Hubble eXtreme Deep Field，XDFと略される）データを用いる．XDF が観測した天域の広さは2.3分角×2.0分角であるが，この天域で5500個の銀河が見つかった．空のどの方向を見てもこのぐらいの銀河が見つかると仮定して，宇宙全体にある銀河の個数を推定せよ．

第**8**章
宇宙の起源と歴史

　宇宙はどのように誕生したのだろうか．どのように進化して現在の姿になり，そして，これからどうなっていくのだろうか．このような宇宙そのものを扱う分野は**宇宙論**（cosmology）と呼ばれている．本書の構成からも察せられるように，宇宙論は天文学の重要なトピックの一つに位置づけられている．

　よく知られているように，宇宙はビッグバンと呼ばれる高温高圧の火の玉として生じ，膨張し続けている．現在は宇宙誕生後138億年と推定されているが，宇宙の本当のはじまりや，現在の膨張則について，私たちはまだ完全に理解しているわけではない．本章では，何が分かっていて，何が分かっていないのか，時間と空間の物理学である**一般相対性理論**を軸にして宇宙論を概観しよう．

8.1　相対性理論とその予言

　アルバート・アインシュタインが導いた相対性理論は，特殊相対性理論と一般相対性理論の2つに分かれている．アインシュタインは，「どのような座標系（観測者）からみても，物理法則は同じ形で記述されているべきだ」との信念（これを相対性原理と呼んだ）のもとに，物理法則を築いていった．

8.1.1　特殊相対性理論

　まず，アインシュタインは，「物理法則はすべての慣性系で同じ形で記述される」という特殊相対性原理と，「真空中の光の伝播速度は，光源や観測者の運動状態によらず，一定である」という光速度不変の原理の2つの原理を出発点として，**特殊相対性理論**（1905年）を導いた．この理論は，運動している座標系での

時間の進み方は，静止している座標系の時間よりもゆっくり進むことを予言する．ニュートン以来，時間の進み方はどこでも同じと考えられていた常識をくつがえす理論である．時間座標の変化は運動状態が**光速度** c に近づくほど顕著であり，私たちの日常生活の環境ではニュートン力学を再現する形になっている．宇宙から飛来する宇宙線によって地球大気でミュー中間子ができるが，その寿命が地上実験のものよりも長いことが確かめられていて，光速度に近い運動状態では実際に時間がゆっくりと進んでいることが確かめられている．

特殊相対性理論は，時間と空間 3 次元を含めた 4 次元時空で物理を考える必要があることを結論した．エネルギーの定義を 4 次元で考えると，質量そのものがエネルギーと等価であることも導かれた．質量 m の物質が世の中から消滅すると，エネルギー E が

$$E = mc^2 \tag{8.1}$$

で発生することになる（質量とエネルギーの等価性）．この式は，核融合反応（恒星が輝く原理，水素爆弾の原理）や核分裂反応（原子爆弾や原子力発電で発生するエネルギー）を説明することになる．

■ トピック

もっとも有名な公式 $E = mc^2$

宇宙物理学者スティーブン・ホーキングは，一般向けの本『ホーキング，宇宙を語る』を書いたとき，編集者から「式を 1 つ入れると読者が半減します」と忠告されたそうだが，この $E = mc^2$ の式だけは入れる必要があった，と序文で述べた．しかし，この本はベストセラーになったので，このエピソードは削除された．

8.1.2 一般相対性理論

アインシュタインは，さらに「加速度運動を行う座標系間でも物理法則は同じ形で記述される」（一般相対性原理）ことを追究した．そして加速度運動を引き起こす重力に着目し，「重力を受けている系と加速度系は局所的には区別できな

い」（等価原理）という原理をもとに，重力の正体を時空の幾何学によって説明する**一般相対性理論**（1915年）を導いた．4次元時空は，質量の存在やその運動によって，あたかもトランポリンの膜のように伸び縮みする．ゆがんだトランポリンの膜の上では物体運動も影響をうける．こうして，大きな質量のもとへ引き寄せられる「重力による運動（万有引力による運動）」は「曲がった時空での**測地線**（平らな空間での直線に相当する最短経路）」として理解されることになる．

　一般相対性理論の核となる式は，重力場の方程式（**アインシュタイン方程式**）と呼ばれ，

$$R_{\mu\nu} - \frac{1}{2} g_{\mu\nu} R = \frac{8\pi G}{c^4} T_{\mu\nu} \tag{8.2}$$

の形をしている．左辺はリーマン幾何学にもとづいて時空がどのように曲がっているのかを表している．時空計量 $g_{\mu\nu}$ の添え字 μ, ν は，4次元の座標の成分（t, x, y, z）を表していて，添字の対称性があるため，全部で10本の式である．リッチ曲率 $R_{\mu\nu}$ とスカラー曲率 R は $g_{\mu\nu}$ の微分の組み合わせから定義される量であって，式(8.2)は2階の偏微分方程式になる．右辺の $T_{\mu\nu}$ は質量の分布を表す量でエネルギー運動量テンソルと呼ばれる．G は**万有引力定数**で，c は光速度である．この式も，弱い重力の極限ではニュートンの万有引力を表す式を再現する．アインシュタイン方程式を解くということは，質量の分布や性質を仮定して，時空計量 $g_{\mu\nu}$ を求めるという作業である．

　アインシュタインは，水星の**近日点移動**がこの式から導かれることを示し，理論の正しさを確信した．そして1919年の皆既日食では，予言通りに光の経路が太陽付近で曲がることが示され，相対性理論が世界に知れ渡ることになった．

　一般相対性理論は，宇宙全体が膨張したり収縮したりするダイナミカルな実体であることを予言する．また，大きな質量の星が燃える力をなくすと，再現なく収縮していく**ブラックホール**の存在も予言する．大きな質量をもつ物体の加速運動（連星ブラックホールや連星中性子星の合体など）では時空のゆがみが波として伝播する**重力波**が発生し，光速で伝播することも予言する．そして，ブラックホールの内部や宇宙の初期には，時空特異点が存在し，一般相対性理論自身が破綻して適用できない限界が存在することも示唆している．理論自体が理論の破れを予言している非常にユニークな理論である．

一般相対性理論が導く結論は，アインシュタインさえも困惑させるものばかりだった．宇宙全体に重力場の方程式を適用すると，時空全体が動的に膨張したり収縮したりすることをアインシュタインは発見する．しかし，宇宙そのものは未来永劫不変なものである，と信じていた彼は，理論の導出のどこかに誤りがあったと再考し，式全体を積分したときの積分定数の自由度を見逃していたことに気が付く．そして，宇宙全体を考えるときには，式(8.2)ではなく，

$$R_{\mu\nu} - \frac{1}{2} g_{\mu\nu} R + \Lambda g_{\mu\nu} = \frac{8\pi G}{c^4} T_{\mu\nu} \tag{8.3}$$

として，$\Lambda g_{\mu\nu}$ の**宇宙項**（Λ は**宇宙定数**）を導入し，膨張・収縮のない静的な宇宙をつくることを提案した．これは重力に対抗した「斥力」に相当する項を導入する提案である．しかし，バランスが少しでもくずれると宇宙全体は膨張・収縮をはじめてしまう．後にハッブルらによって宇宙が膨張していることが判明すると，アインシュタインは宇宙項の提案を取り下げた．

8.2 ビッグバン宇宙モデル

8.2.1 宇宙膨張の発見

1929年，エドウィン・ハッブルは，遠方の銀河ほど，本来の光よりも赤方偏移しているスペクトルが観測されることから，宇宙全体が膨張していることを発表した．ハッブルが見つけたのは，銀河の後退速度 v が，銀河までの距離 d に比例して大きくなっている，という関係で，比例定数を H_0 とすれば，

$$v = H_0 d \qquad [\mathrm{km/s} = \mathrm{km/s/Mpc} \cdot \mathrm{Mpc}] \tag{8.4}$$

である（図8.1）．H_0 は**ハッブル定数**と呼ばれる．それぞれの変数に対して通常用いられる単位を [ ] 内に示した．Mpc はメガパーセク（10^6 pc）を表す．最近，ハッブルと同時期にジョルジュ・ルメートルもこの式を得ていたことがわかり，式(8.4)は，**ハッブル–ルメートルの法則**と呼ばれるようになった．

ある星を観測したときに，そのスペクトル線の配置から，光源となる星の運動速度を知ることができる．**赤方偏移**の大きさは，光源の波長を λ_s，観測された波長を λ_{obs} として，

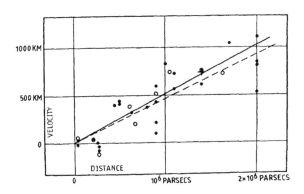

図8.1 ハッブルが1929年に発表した図．横軸は距離，縦軸は銀河の後退速度．このグラフの傾きがほぼ一定になることが，ハッブルの法則である．ハッブルが報告した値は，$H_0 = 530$ km/s/Mpc だった．現在値は $H_0 = 68$-70 km/s/Mpc.

$$z = \frac{\lambda_{\mathrm{obs}} - \lambda_{\mathrm{S}}}{\lambda_{\mathrm{S}}} \tag{8.5}$$

で定義される**赤方偏移パラメータ** z で表される[1]．ドップラー効果の関係式を用いると，後退速度 v と赤方偏移パラメータ z の間には，後退速度が光速度 c に比べて小さい（$v/c \ll 1$）場合には，

$$v = cz \tag{8.6}$$

の関係が成り立つ（章末問題1）．ハッブルは，この式を用いて，z の観測から v を求め，一方で星の明るさから距離 d を算出した．

ハッブル-ルメートルの法則(8.4)から，v が時間変化せず一定だとすれば，どの2点間の距離も $\dfrac{d}{v} = \dfrac{1}{H_0}$ の時間だけ遡ればゼロになる．すなわち，この時間だけ昔には宇宙は1点であったことになる．したがって v が一定の場合は宇宙の年齢はハッブル定数の逆数 $1/H_0$ で与えられることになる．現在の観測値 $H_0 = 70$ [km/s/Mpc] だとすると，宇宙年齢は140億年になる．これに対して，

---

1) 非常に遠方の天体を観測するとき，距離の指標として赤方偏移 z の値を用いることが多い．$z = 0$ が距離0（現在）であり，宇宙論パラメータ値を入れてきちんと積分すると，$z = 0.01, 0.1, 1$ はおよそ 44 Mpc（1.4億年前），470 Mpc（13億年前），6760 Mpc（79億年前）に相当する．

ハッブルが得た値は8倍も大きかった．これは，ハッブルの時代には，距離測定の指標となる**変光星**に2つの異なる種類があることが理解されていなかったことと，ハッブルが明るい星と考えたものが実は**電離水素領域**（HⅡ領域）であって，どちらも実際の星よりも明るい方に誤って考えていたことが原因である．宇宙膨張の発見とはいえ，そこから計算された宇宙年齢は，当時知られていた地球年齢よりも短いもので，宇宙膨張をそのまま信じる学者は少なかった．

8.2.2　地球は宇宙の中心か？

どの方向をみても遠方の銀河が遠ざかっている，ということから地球が宇宙の中心なのかと質問をうけることが多い．しかし，図8.2に示すように，風船を宇宙全体だと思って，銀河の絵を描いて膨らませると，どの銀河から見ても遠方の銀河ほど遠ざかるのが速い．逆に時刻ゼロまでもどると，宇宙のどの点もビッグバンといわれる状態にあった1つの点からスタートしたことになる．

また，宇宙全体が膨張ということは地球も太陽から離れていくのか，という質問も多い．太陽系内は太陽による万有引力が支配的なので宇宙膨張の影響はない．人間の体も膨らむのか，という質問もある．これも分子間力（電気力）が支配的なので宇宙膨張の影響はない．体が巨大化するのは別の理由であろう．

8.2.3　フリードマン解

宇宙全体を一般相対性理論にもとづいてモデル化する際に，まず仮定する原理は，「私たちは宇宙の中で特別な位置にいるわけではない（人間が宇宙の中心にいるわけではない）」とする**宇宙原理**である．宇宙原理をより数学的に表現する

図8.2　風船を宇宙全体だと思って，銀河の絵を描いて膨らませると，どの銀河から見ても遠方の銀河ほど遠ざかるのが速い．

と，

　　宇宙は巨視的なスケールでは空間的に一様かつ等方的である，

　　すなわち宇宙空間のすべての点は本質的に同等である．

となる．「一様」とは，でこぼこがないこと，「等方」とは，どの方向を向いても
同じであることを意味する．実際の宇宙には星があり銀河があり銀河団がある
が，それらを無視して，ひとまずは一様として考える（空気には窒素分子や酸素
分子があるがそれらを無視して流体近似することと同じである）．

　時空が，球対称で一様かつ等方であるとすると，幾何学的にはフリードマン-
ルメートル-ロバートソン-ウォーカー（FLRW）解（あるいは略して**フリードマ
ン解**）と呼ばれる時空に限定される．FLRW 解は空間全体が膨張や収縮する時
空である．また，一様かつ等方な時空の曲率として，開いた宇宙・平坦な宇宙・
閉じた宇宙の 3 種類の可能性があり，それを曲率パラメータ k として区別する
（図8.3）．

　少し詳しくみてみよう．宇宙原理を仮定すると，時空の計量は

$$ds^2 = -c^2dt^2 + a^2(t)\left\{\frac{dr^2}{1-kr^2} + r^2(d\theta^2 + \sin^2\theta\, d\varphi^2)\right\} \tag{8.7}$$

となり，これは膨張・収縮する時空を表す．r, θ, φ は球対称空間を表す動径座
標と角度座標である．

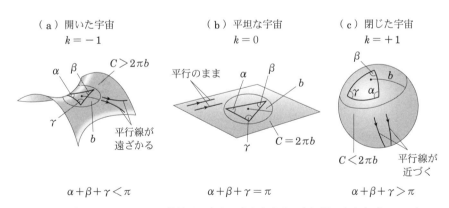

図8.3　FLRW 解のパラメータ k の符号は，宇宙の曲率を表す．(a) 開いた宇宙（$k=-1$），
(b) 平坦な宇宙（$k=0$），(c) 閉じた宇宙（$k=+1$）．それぞれ，三角形の内角の和
（$\alpha+\beta+\gamma$）や半径 b の円周の長さ C，平行線のふるまいが異なってくる．

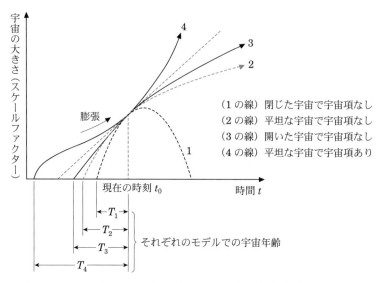

図8.4 スケールファクタ $a(t)$ のふるまいの違い. t_0 は現在の時刻. 宇宙モデルをどれと考えるかで, 宇宙の始まりまでの時間（宇宙年齢）$T_1, \cdots, T_4$ が決まる.

・$a(t)$ は宇宙全体の大きさを表すスケールファクタと呼ばれる関数である. $a(t)$ が増加（減少）することは宇宙が膨張（収縮）することを意味している.

・k は空間の曲率を3種類に場合分けするパラメータである. 二次元面で考えると, 三角形を描いたときに,

　・「内角の和が180°となる」（空間が平坦, $k = 0$）

　・「180°より大きくなる」（空間が閉じている, $k = +1$）

　・「180°より小さくなる」（空間が開いている, $k = -1$）

の3種類を区別するパラメータである（図8.3）.

　代表的な宇宙膨張モデルを, 宇宙の大きさを示すスケールファクタ $a(t)$ のふるまいとして図8.4に示す. この図には4つのモデルを描いている.

　1. 閉じた宇宙で宇宙項なし. $k = +1$, $\Lambda = 0$.

　2. 平坦な宇宙で宇宙項なし. $k = 0$, $\Lambda = 0$.

　3. 開いた宇宙で宇宙項なし. $k = -1$, $\Lambda = 0$.

　4. 平坦な宇宙で宇宙項あり. $k = 0$, $\Lambda > 0$.

曲率 k の値によって, あるいは宇宙項 Λ の有無によって, 宇宙膨張のしかたが

変わっているのがわかる．1.の閉じた宇宙の場合は，膨張している宇宙はしだいに膨張速度がゆっくりとなり，やがて収縮に転じることがわかる．それ以外のモデルでは宇宙は永遠に膨張を続けてゆく．

8.2.4　火の玉モデルと宇宙背景放射の発見

　宇宙が膨張しているとすれば，過去には宇宙全体が1つの点から始まったことになる．宇宙のすべての物質とエネルギーが集まって，非常に高温で高密度の状態だったことになる．1946年，原子核物理を研究していたジョージ・ガモフは，宇宙が高温高密度の火の玉の状態だったときに，短時間で元素が合成されていった，という理論を発表した．さらに，1948年には，高温高密度の宇宙初期に起こる核反応で，すべての元素がつくられるという具体的なシナリオを発表した．1950年には，**林忠四郎**が宇宙初期の**元素合成**を支配する陽子と中性子の個数比を素粒子論にもとづいて導出している．その後の研究によって，ガモフらがいうように，すべての元素が宇宙初期に合成されるわけではないことがわかってきた．元素は軽いものから順に，水素→ヘリウム・リチウム・ベリリウム，…と合成されていくが，宇宙膨張により宇宙の温度が下がるため，それ以降の核反応が生じず，元素合成が止まる．宇宙初期の元素合成は，宇宙誕生から10分ほどで終了する．

　ガモフらの火の玉宇宙モデルは，素直に受け入れられたわけではなかった．当時知られていた宇宙膨張のデータから推定される宇宙年齢よりも，地球の岩石から示される地球年齢の方が長く，矛盾が明らかだったからである．そして，多くの物理学者が，**フレッド・ホイル**らの提唱する**定常宇宙論**を支持していた．ホイルらは，「宇宙は膨張しているが，遠方の銀河では新たに物質が生まれていて，宇宙全体の構造は時間変化しない」とする説を主張した．宇宙には始まりも終わりもない，とすれば，物理としての理論的破綻は守られ，宇宙年齢の問題も生じない．

■ **トピック**

ビッグバンの名付け親

　火の玉宇宙論と定常宇宙論のモデルの対立は長く続いた．当初は，定常宇宙論が主流で，火の玉宇宙論は異端だった．ガモフは『不思議の国のトムキンス』などの科学啓蒙書の執筆をする科学者であり，ホイルも啓蒙書『宇宙の本質』やSF小説『暗黒星雲』などの執筆も行う作家の面があった．実は「ビッグバン宇宙モデル」の名づけ親はホイルである．ホイルがラジオ番組で「火の玉宇宙」を揶揄して「彼らは宇宙が大きな爆発（ビッグバン）から始まったと言っている」とからかった．この話を聞いたガモフは，逆にこの「ビッグバン」という言葉を好んで使ったため，現在では「火の玉宇宙」モデルは「ビッグバン宇宙論」と呼ばれている．

　1960年代になるまでに，銀河の距離測定が改善され，ハッブル定数は，100 km/s/Mpc と報告されるようになった．宇宙年齢は約100億年となり，地球の岩石年代測定との矛盾はなくなった．

　2つの宇宙モデルを決定的に区別するのは，過去にビッグバンが生じていた名残が観測できるかどうか，という点だった．かつて宇宙が高温・高密度だったなら，**黒体放射**（黒体輻射）と呼ばれる名残りが宇宙全体をただよう電波として観測されるはずである．ビッグバン理論は，この**宇宙マイクロ波背景放射**（Cosmic Microwave Background radiation; CMB）の存在を予言していた．定常宇宙論では，このような背景放射は存在しない．

　CMBは偶然に発見された．アーノ・ペンジアスとロバート・ウィルソンは，ベル研究所に所属し，大西洋をまたぐ電波による通信技術を開発していて，「どうしても消えないノイズが存在する」ことを1964年にプリンストン大学で報告した．驚いたのは，プリンストン大学で天文学を研究していた**ロバート・ディッケ**とジェームズ・ピーブルズである．彼らは，CMBの存在を予言し，その観測を行おうと，まさに電波望遠鏡を準備していたところだったからである．こうして，ペンジアスとウィルソンの実験結果の論文と，ディッケらによる「この発見は，宇宙マイクロ波背景放射である」という理論的サポートの論文が同時に米国

天文学会誌に掲載されることになった．ペンジアスとウィルソンは，1972年にノーベル物理学賞を受賞した．ピーブルズは2019年に同賞を受賞した．

　テレビがアナログ放送だった頃，放送のない真夜中にスイッチを入れると，「ざーっ」という雑音とともにテレビ画面にちらちらと白いノイズが写っていた．これは CMB の影響だった．

　宇宙には，はじまりがあって，火の玉から始まった，とするビッグバン宇宙モデルは，(1)ハッブルによる宇宙膨張の発見，(2)CMB の発見，(3)元素合成モデルで予言された通りの宇宙の軽元素（水素とヘリウムおよびその同位体）の組成比の観測，によって確かなものとなった．

　そして，CMB の精緻な観測が進むと，CMB が，宇宙の全域から一様に観測されていること（2.73 K の温度の**プランク分布**で表されること）や，その温度分布には10万分の 1 の大きさの「**温度ゆらぎ**」が有意に存在することなどが示されてきた．そして，その「ゆらぎ」の角度相関を取ることによって，フリードマン解で描かれる宇宙膨張のパラメータが決められるようになった．

　宇宙誕生後38万年後に，温度が3000 K に下がり，飛び回っていた電子が，すべて原子核へ捕えられるようになると，このときまで電子に邪魔されて直進できなかった光は，ようやく直進できる（外部へ光として伝播できる）ようになる．**宇宙の晴れ上がり**と呼ばれる時期である．CMB はこのときの光が，その後の宇宙膨張によって2.73 K の黒体放射として観測されるものである．そして，10万分の 1 の大きさの「ゆらぎ」は，その後の物質の集合・成長の種となり，星や銀河・銀河団へと宇宙の構造の形成が進んだと考えられる．

8.3　インフレーション宇宙モデルと宇宙のはじまり

8.3.1　ビッグバン宇宙論の原理的な問題

　CMB の発見により，ビッグバン宇宙モデルは標準的な宇宙論として確立したが，未解決で重要な問題も多く残されていた．たとえば原理的な問題として，「なぜ CMB は全天で10万分の 1 の精度で一様に近い温度分布を示すのか」（**地平線問題**），「なぜ現在の宇宙は平坦（曲率が 0 ）に見えるのか」（**平坦性問題**）な

どがある．地平線問題は因果律の問題である．CMB が放たれた頃（宇宙誕生後38万年）の宇宙のサイズは，現在の1/1000ほどの大きさである．宇宙誕生後38万年までに因果関係を持ち得る範囲（粒子的地平線サイズ）を宇宙膨張を含めておおよそ76万光年とすれば，この地平線サイズは現在では7.6億光年になっている．一方で，現在から138億年の過去を見渡すことができる範囲（地平線）は宇宙膨張を含めたサイズで考えると414億光年になる．この比は約 1 度角（($7.6/414$)$\times 180/\pi$）に相当する．すなわち，天空上で 2 度角ほど違う場所では，因果関係がないはずなのに，同じ CMB が観測されるのは何故なのか，という問題である．平坦性問題は，空間の曲率パラメータ k（図8.3）がゼロに近い特別な値をとっている問題である．現在観測される曲率が $k=0$ に近いことは，宇宙の初めにはさらに $k=0$ に近いことを意味している．

より現実的な問題としては「星や銀河など物質ができるためのゆらぎはどうやって生まれたのか」（構造形成の種問題）という問題がある．星や銀河ができるためには初めに何らかの物質のゆらぎが必要である．ゆらぎがあれば重力の差が生じ，物質が集まり，星や銀河になってゆくだろう．CMB では，10万分の 1 の精度で有意な**温度ゆらぎ**が存在している．このようなゆらぎはどのようにしてできたのだろうか．また，現在の宇宙の大規模構造のサイズは宇宙の晴れ上がりのときの地平線サイズよりも大きいが，それは何故だろうか，という問題である．

これら 3 つの問題を，宇宙初期に光速を超える指数関数的な膨張時期があった，と考えることで一気に解決するのが，**インフレーション宇宙モデル**である．具体的には，宇宙の誕生直後である 10^{-36}秒後から 10^{-34}秒後，ビッグバンが起きる以前に，宇宙が 10^{78}倍になる急激な膨張を経験した，とするモデルである．

8.3.2 インフレーション宇宙モデル

物質が生成される前の宇宙は真空だった．素粒子の理論では，真空とは，何もない空間ではなく，エネルギーが生成したり消滅したりするダイナミックな空間である．宇宙全体の温度が下がっていく**相転移**[2] の段階では，図8.5にあるように，エネルギー状態が最小になる場所が ϕ_0 から ϕ_1 へと移る．このとき，エネルギーの高い真空（偽の真空）とエネルギーの低い真空（真の真空）とが混在することだろう．

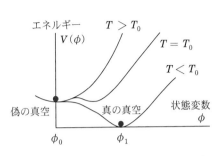
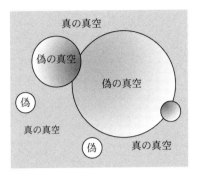

図8.5　（左）相転移を表すエネルギー図．温度 T が下がることによって，最小値を与える状態が ϕ_0 から ϕ_1 へ変化する．これまで真空と思われていた ϕ_0 は偽の真空へと立場を替える．（右）偽の真空は真の真空よりもエネルギーが大きいので，偽の真空領域は急速に膨張する．そして，他の膨張している領域と衝突してその運動エネルギーを熱エネルギーに変換すると考えられる．

　アインシュタインの重力場の方程式で，この状態を解くと，エネルギーの差があれば膨張する宇宙の解が出てくる．普通の物質ならば，体積が膨張すればエネルギー保存の法則にしたがってエネルギーの密度が下がるが，真空の場合はそうはならずに一定のままになる．方程式は宇宙項があるモデルと同じになり，宇宙全体が指数関数的に急膨張を続け，莫大なエネルギーが発生することになる．

　宇宙が急激に，光の速さ以上に膨張を遂げれば，平坦性問題も地平線問題も解決する．現在私たちが観測できるすべての領域が，1つの小さな量子的なゆらぎから，一気に作られてしまった，とすればいいからだ（光速を超えて動くことは，特殊相対性理論に反するように聞こえるが，ここでは時空全体の動きであり，情報伝達の話ではないので矛盾は生じない）．また，量子ゆらぎが1つ1つ急膨張をするならば，それぞれが泡のように広がっていくはずだ．当然ながら，泡同士が衝突することもあるだろう．衝突すれば，運動エネルギーが熱エネルギ

2）水が0℃で氷になるのも，100℃で蒸気になるのも相転移現象である．しかし，相転移を引き起こすには，擾乱などの「きっかけ」が必要となる．冷蔵庫内でゆっくり冷やされた水は−5℃でも液体のままになることがあり，そのときに液体を揺らすと全体が一瞬で凝固する．過冷却と呼ばれる状態である．インフレーション膨張は，相転移時にエネルギーの高いところに準安定状態に取り残された時空が急激に膨張するものであり，言われてみれば普通の物理現象である．

ーに転化され，その状態がビッグバンの始まりになったと考えることができる．衝突のような激しい状況では，状態は完全に一様になるはずもなく，「ゆらぎ」を持つことが十分に考えられる．つまり，ビッグバンを引き起こす高温高圧の火の玉状態を作り出し，なおかつ構造形成の種問題も解決するモデルである．

このメカニズムを初めて提唱したのは，佐藤勝彦である（1981年）．佐藤の直後にアラン・グースが独立に同じメカニズムを論文にして，急激な宇宙膨張を「インフレーション」という経済用語で表現した．秀逸な命名のため，インフレーション宇宙論というと，グースの名前が挙げられることが多いが，論文発表で先鞭をつけたのは佐藤である．

インフレーションは，1つの小さな量子的なゆらぎが大きな宇宙になった，とするシナリオであるが，宇宙初期にはこのようなゆらぎもたくさん存在したはずだ．ということは，1つの宇宙から，たくさんの宇宙が生まれている可能性がある．ひとたび**真空の相転移**を起こした後にも，さらに同様の相転移が起きれば，親宇宙から，子宇宙・孫宇宙・…と，宇宙が多重生成していても不思議ではない．英語で宇宙は Universe（uni = 1つの）すなわち「1つの世界」の意味だが，この理論では，Multiverse（multi = 多くの）となる．

インフレーション期の存在は，まだ観測では確かめられていない．インフレーションを引き起こすメカニズムも多数提案されていて，モデルも絞り込まれていないのが現状である．近い将来には CMB の偏光を含めた詳細な観測によって，また2030年代半ばには低周波数帯の重力波観測を宇宙空間で行うことによって，インフレーションの具体的なモデルへ近づいていけると期待されている．

8.3.3 宇宙のはじまり

読者の次なる関心は，宇宙が誕生する瞬間はどうだったのか，という疑問であろう．残念ながら，現在の物理学では，解明できていない．時空自身が量子レベルの大きさとなって生成消滅を絶えず行っている状態を記述する物理理論が未完成だからである．相対性理論と量子論を統合する究極理論（大統一理論）には，**超ひも理論**と**ループ量子重力理論**の2つのアプローチが試みられている．前者は素粒子論・場の理論をもとに重力理論を取り込もうとするもので，11次元時空を

やってみよう

宇宙図

文部科学省が科学技術週間に制作・配布している「一家に一枚シリーズのポスター」に，宇宙膨張の様子を描いた「宇宙図」がある．無料でダウンロードできるが，購入もできる（QRコード）．その概略図を図8.6に示す．この図では，空間が横向きに，時間は縦向き上に進むように描かれていて，宇宙が誕生してからだんだんと広がっていく様子がわかる．

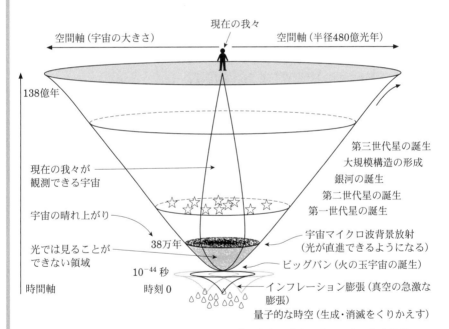

図8.6　ビッグバン宇宙モデルの概略図．時間の進み方を上向き，空間の広がりを横軸にして示す．現在の私たちは図の上の中央部分にいる．宇宙誕生直後にはインフレーションと呼ばれる急膨張を起こす．インフレーション後に高温高密度の火の玉宇宙が出現する．宇宙が広がる様子が示されているが，現在私たちが見ることができる宇宙は，中央の涙のしずくの表面部分に限られる．

必要とする．後者は相対性理論に時空の量子化を取り入れるものだが，4 次元複素時空での理論となる．どちらも実験による検証ができないレベルの物理学であるので，理論の整合性などの数学的側面の研究が続けられている．時空を量子化して最小単位を導入すると，小さく収縮した宇宙は再び膨張することもあり得ることになり，インフレーション的な膨張を導入しなくても，潰れた宇宙が再び膨張を始めて宇宙を再び形成する，というシナリオも提案されている．

　1998年には，私たちのいる 4 次元時空が高次元時空中を漂う膜のような存在かもしれない，とする**ブレーン宇宙論**がパラダイムとして登場した．ニュートンの万有引力の法則が，0.1 mm 以下の距離では確認されていないことから，そのスケールでの高次元時空の可能性を指摘するモデルである．しかし，現在までのところ，スイスにある CERN（**欧州原子核研究機構**）の陽子衝突実験などからは，積極的に高次元時空の存在を支持する結果は得られていない．

8.4　現代宇宙論の未解決問題：ダークマターと加速膨張

　CMB の精密な観測，遠方の銀河の観測，光の伝播に見られる重力レンズの観測など最近のさまざまな観測の進展によって，ビッグバン以降の宇宙モデルがかなりの精度で決まってきた．現在では，標準ビッグバン宇宙モデルは，たった 6 個のパラメータを決めることで，ほぼすべての観測結果を矛盾なく説明できることがわかってきた．ビッグバン宇宙モデルの成功は，20世紀物理学の勝利とも称されている．しかし，ダークマター問題，宇宙の加速膨張問題といった未解決の問題も残されている．

8.4.1　ダークマターの存在

　1930年代から，太陽近傍の星の運動や渦巻銀河の回転速度の観測から，私たちには観測されていない（光っていない）質量が多く存在しているとする報告がされている．**ベラ・ルービン**たちは，いくつもの渦巻銀河の観測を行い，それぞれの銀河の回転速度から，光っている星の 6 倍以上の物質が存在する，と報告した（1970年，図8.7）．光では見えないが重力を及ぼしている物質は確かに存在する

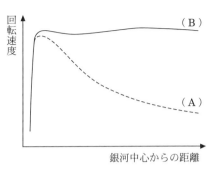

図8.7　（左）渦巻銀河 M101（NGC 5457）．（右）見えている星の質量から予想される銀河の回転速度は点線の（A）のグラフ．実際に観測されているのは（B）のグラフ．（B）を説明するためには，ダークマターの存在を仮定するのが自然である．

と考えられ，正体不明のために**ダークマター**（または暗黒物質）と呼ばれている．

　観測だけではなく理論面でも，ダークマターは必要とされる．現在の銀河形成を宇宙年齢以内で行うためにはダークマターを含めて計算しないと時間が足りないことがシミュレーションで示されている．そのため，ダークマターは，宇宙論を議論するうえで重要な構成要素である．

■ やってみよう

人工衛星の動きから地球の質量がわかる

　ダークマターが存在すると考えなければならない理由はニュートン力学で説明できる．質量 m の人工衛星が地球（質量 M）の万有引力を受けながら，速度 v で半径 r の円運動をしているとき，運動方程式

$$m\frac{v^2}{r} = G\frac{Mm}{r^2} \tag{8.8}$$

より，$v = \sqrt{GM/r}$ の関係が得られる．つまり，v は人工衛星の質量に無関係で，M と r によってのみ決まる．このことは人工衛星の動きから地球の質量がわかる（正確には GM の組み合わせがわかる）ことを意味している．

　同じことを銀河系で行ったのが，図8.7右の（A）のグラフである．見えて

いる星は中心部分に集中しているのでこのグラフになりそうだが，実際に観測すると（B）のグラフになった．これはダークマターの質量が銀河全体に広がっているため，と考えられている．

　ダークマターの正体は不明である．太陽系で考えると，木星や土星など自ら光ることのない巨大な惑星があるが，太陽系全体の質量のうち，99.99% は太陽が占めているので，このような惑星はダークマターの主要なものではない．同様にブラックホールや中性子星も数が足りない．素粒子のニュートリノは微小な質量ではあるが宇宙全体を飛び交っているために一時期有力とされたが，それでも質量が不足する．現在では，未発見の粒子（理論上その存在が仮定されているニュートラリーノや，アキシオンなど）の発見に期待がかかっている．ダークマターは，存在しなければならないものであり，その正体の解明は，現在の宇宙物理学で重要なテーマになっている．

　CMB が出現する「宇宙の晴れ上がり」のときに，運動エネルギーが質量エネルギーを上回っていたダークマターを**熱いダークマター**（HDM），そうではないものを**冷たいダークマター**（CDM）と呼ぶ．

8.4.2　加速膨張の発見

　宇宙膨張が一定の速さなのか，それとも加速あるいは減速しているのかどうかは長い間わからなかった．銀河はそれぞれ構成要素や明るさが異なり，輝きが同じではないからである．

　そこで，注目されたのが，**Ia 型超新星**である．超新星は稀にしか生じないが，数週間観測される輝きは，1つの銀河に匹敵することもある．そして，爆発のメカニズムは物理的に決まっていて，どの超新星爆発もほぼ同じ質量の星の爆発によることから，放出されるエネルギーも同じになる．そのため，観測される明るさから距離が正確に測定できることになる．さらに，爆発後の減光のしかたも同じである．スペクトルから元素の構成比を観測することで，爆発後のどの時期に相当するのかもわかる．Ia 型超新星爆発は宇宙の**標準光源**（スタンダードキャンドル）と呼ばれる．

　そして，奇妙な結果が報告された．ビッグバンによる標準モデルによって，私

たちは宇宙は膨張していることを理解していたが，その膨張速度を上回って「宇宙は**加速膨張**している」というのだ（1998年）．ソール・パールムッターが率いるSCPグループと，ブライアン・シュミットが率いるHZTグループは，独立にIa型超新星爆発のサーチを行い，1998年から99年にかけて，どちらも「平坦な宇宙を仮定するならば，宇宙は加速膨張していると考えられる」と発表した．

　宇宙の加速膨張の原因は不明である．重力と逆向きの影響を及ぼす謎のエネルギーとして，**ダークエネルギー**という呼び方が定着しているが，まったくの謎である．基本的な考えにもどれば，アインシュタインが導入した宇宙項と同じ物理現象であるので，宇宙項の存在を仮定することになる．しかし，現在のところ，宇宙項を導く素粒子理論がない．

　数多くのアイデアが出されているが，基本的な解決策は次の3つである．

　(1)**ダークエネルギー**の存在を認める．

　ただし，斥力を及ぼす未知の物質を想定することになり，これで解決したとはとてもいえない．

　(2)「**修正重力理論**」に根拠を求める．

　宇宙スケールでは相対性理論を一部修正することが必要と考え，代わりの重力理論を提案し，宇宙膨張率が現在の観測値を説明するようなモデルをつくる．

　(3)「**非一様宇宙モデル**」に根拠を求める．

　私たちが観測している宇宙の領域が特別で，周囲より比較的低い密度である，と特別視するならば，見かけの加速膨張が説明できて，すべてが解決できる．

　しかし，最後のものは宇宙論のスタートラインである宇宙原理に反する解決策である．何か画期的なアイデアがあれば解決しそうな感じがするのだが，それが何かわからない状態が続いている．

8.4.3　宇宙のおわり

　宇宙が加速膨張しているという報告がされる以前は，図8.4に示したように，宇宙全体は，最期には再び収縮する可能性も含めて議論されていた．しかし，加速膨張の発見によって，宇宙の最期の姿の予測もだいぶ変わった．これまで考えられていた宇宙の最後の姿は次の3つであった．

　(1)**ビッグクランチ**（Big Crunch）（どこかで加速膨張が終わり，やがて重力

が強くなって最期には再び収縮する．ビッグバンの逆戻りとなって，すべてが再び融合する），

(2)ビッグフリーズ，ビッグチル（Big Freeze/Big Chill）（現在のまま宇宙は永遠に膨張を続け，すべての銀河が孤立し，やがて星は燃え尽きて温度ゼロ状態の「熱的な死」を迎える），

(3)ビッグリップ（Big Rip）（今後もますます加速膨張をつづけ，やがては時空自体が引き裂かれ，銀河も星も何も構造が残らない）

加速膨張が事実とすれば，私たちの宇宙はビッグクランチはせず，ビッグフリーズかビッグリップを迎えることになる．

8.4.4 現在得られている宇宙パラメータ

小さな角度でCMB温度ゆらぎを観測し，統計的に角度相関を計算することによって，宇宙論を決めるさまざまなパラメータが決まりつつある．

これまでに述べたように，宇宙にはダークマターが存在している．そして構造形成のシミュレーションから冷たいダークマター（CDM）が有力とされている．また，現在の宇宙は加速膨張している．そして加速膨張の説明には斥力を及ぼすダークエネルギーを導入するモデルが簡単である．特に簡単なのは，ダークエネルギーの成分を宇宙項 Λ と同じに考え，つねに一定の加速膨張を引き起こすとするモデルであり，ΛCDM モデルと呼ばれている．

Planck 衛星のデータや，超新星爆発の距離測定など，現在入手できるデータから ΛCDM モデルのパラメータで一番よく合うものを計算すると以下のような値が得られる．

・CMB の現在の温度は 2.72548 ± 0.00057 K．

・CMB は，宇宙誕生後37万7700年の光．

・宇宙の年齢は，$t_0 = 137.98$億年 ±3700万年．

・ハッブル定数は，$H_0 = 67.80\pm0.77$ [km/s/Mpc]．

そして，宇宙の構成要素の割合を計算すると，現在の宇宙の構成要素は，69%が正体不明

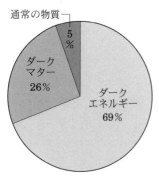

図8.8 現在の宇宙の構成要素の割合

の（宇宙を加速膨張させる要因の）ダークエネルギーで，26％が正体不明の（物質として存在しているはずの）ダークマターであり，残りの 5 ％が既知の物質である．つまり，宇宙全体の95％は正体不明の物質であると報告されている（図8.8）．

章末問題

1. 静止している観測者が，速度 v で遠ざかる光源からの光の波長 λ_s を λ_{obs} として観測するとき，ドップラー効果の関係式は，光速度を c として，

$$\frac{c}{\lambda_{obs}} = \frac{c}{c+v}\frac{c}{\lambda_s}$$

である（$v/c \ll 1$の場合）．式(8.5)，(8.9)から，(8.6)の関係が成り立つことを示せ．

2. 「なぜ夜空は暗いのか」というパラドックスがある．シェゾーと**オルバース**によるものだが，現在では**オルバースのパラドックス**として広く知られている．理屈は次のようだ．1 つの星が放つ光は，単位面積あたりで考えると，距離の 2 乗に反比例して減少する．一方，夜空の単位面積あたりに見える星の数は，距離の 2 乗に比例して増える．したがって，ある距離にある一つの星から入射するエネルギーにその距離にある星の数をかけると距離によらず一定の値になる．宇宙が無限に広がっていれば無限の距離から一定のエネルギーが入射するので，夜空は太陽面のように明るく輝くはずである（現代版は「星」を「銀河」と読み替えるとよい）．宇宙が膨張していることを理由にこのパラドックスを解決せよ．

3. ハッブル–ルメートルの法則によって，宇宙はビッグバンからの誕生後，ハッブル定数 H_0 で膨張しているとする．すなわち，宇宙全体を球として考えると，その中心から半径 r にある銀河の後退速度 v は，$v = H_0 r$ として表されるとする．一方で，この銀河は，半径 r 内にある宇宙の全質量 $M = \frac{4}{3}\pi r^3 \rho$ からの万有引力をうけて動くとする．銀河がこの質量から脱出できるかどうかの境界となる宇宙の密度 ρ を求めよ．

第9章

宇宙の極端環境・状態とその物理

地球は我々生命にとって非常に適した環境となっている．それに対し，宇宙の環境は生命にとっては大変厳しい環境である．場合によっては地球上ではとても実現できない極端な環境にある天体もある．このような宇宙の極端環境は，地球上での実験で調べることのできない極限物理の格好の実験場となっている．たとえば，**中性子星**や**白色矮星**のような**コンパクト天体**では，高温・高密度・強磁場環境での物質の振る舞いを調べることができる．また，**ブラックホール**周辺の超強重力環境は，**一般相対性理論**の検証を行う絶好の実験環境となっている．また，地球周辺の宇宙空間における無重力・低密度環境は産業技術の発展にも役立つ可能性がある．

9.1　極限天体

可視光線で見る限り，宇宙の主要な構成要素は星である．宇宙にはまさしく星の数ほど星が存在しているのである．しかし，4章で見たように，星には寿命があり，やがては最期を迎えることとなる．最期を迎えた後も，恒星の一部はコンパクト天体と呼ばれる天体に姿を変え，存在し続ける．星の死後に誕生するコンパクト天体がどのようなものになるかは，星の質量によって異なる（図9.1）．これらのコンパクト天体は（単独では）もはや可視光線で明るく光ることはないが，X線や電波などでの放射を続けるほか，他の天体と連星系となっている場合には非常に活動的な天体に生まれ変わることがある．恒星の死後の姿であるコンパクト天体は，高密度・強重力，そしてときとして強磁場を特徴とし，我々の日常の世界とはかけ離れた環境にある．連星系であれば，一方の星から降り積も

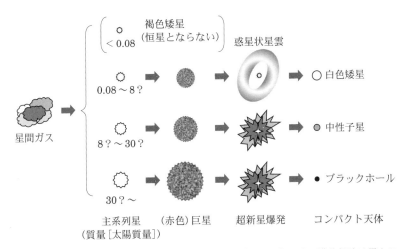

褐色矮星
（恒星とならない）
< 0.08
惑星状星雲
0.08〜8？ → → → ○ 白色矮星
8？〜30？ → → → ● 中性子星
30？〜 → → → ● ブラックホール

星間ガス

主系列星　　（赤色）巨星　　超新星爆発　　コンパクト天体
（質量［太陽質量］）

図9.1 星の質量とコンパクト天体形成の模式図．星の質量により，その進化経路は異なる．質量が太陽の8％以下の場合には核融合が起こらず，恒星とならない．太陽のおおむね8倍より軽い星は，最終的に白色矮星となる．それよりも質量の大きい星は超新星爆発を起こし，中性子星ないしはブラックホールを残す．中性子星とブラックホールをわける境界となる質量がどれほどとなるのかは議論が続いている．

る物質の重力エネルギーを解放することで，さらに高温・高エネルギー環境までも付け加わることとなる．このような極端な環境の天体を調べることで，我々は地上での実験では得られないさまざまな知見を得ることができる．表9.1にはこれから紹介するコンパクト天体である白色矮星，中性子星，ブラックホールの物理量の典型的な値を載せている．

9.1.1　白色矮星

　太陽のような比較的軽い星の場合，数十億年以上の長い期間にわたり，水素の核融合反応によりエネルギーを供給する主系列段階が続く（2，4，10章も参照のこと）．やがて星中心付近で燃料となる水素の割合が減少すると，中心での水素核融合ができなくなる．水素核融合によるエネルギー供給が滞って，星が自重（自分自身の重力．自己重力ともいう）により収縮すると，やがて中心付近の密度と温度が上昇し，ある一定以上になると今度はヘリウムの核融合反応が始まり，エネルギーを供給するとともに炭素，酸素やケイ素などがつくられる．どれだけ重い元素まで作られるかは，星の質量により異なる（4章も参照）．

表9.1　天体の物理量

	太陽	地球	白色矮星	中性子星	ブラックホール
半径 [m]	7×10^8	6.4×10^6	$\sim10^7$	1×10^4	$10^4\sim10^{13}$
質量 [kg]	2×10^{30}	6.0×10^{24}	$\sim10^{30}$	3×10^{30}	$10^{31}\sim10^{40}?$
温度 [K]	6000	290	$\sim10^4$	$\sim10^6$	???

* 白色矮星，中性子星の数値は典型的なもの．ブラックホールの半径は回転していない場合のシュバルツシルト半径（光が脱出できなくなる半径）を記す．

　太陽の質量のおよそ8倍より軽い星は，上記の過程のどこかで**核融合**が止まることとなる．すると，エネルギー供給が止まるため，自重により星中心部の温度は上昇するが，今度は中心付近では核融合が始まるまでは上昇しない．その代わり，中心核をとりまく殻状領域で水素の核融合が起こることになる．中心核の外での水素の核融合は短期間に大量のエネルギーを外層にダイレクトに伝えることになるので，外層は急激に膨らみ，やがて星の外にまで流れ出していくことになる．こうして，外層が星の外に流れ出した**惑星状星雲**が誕生する（図4.9参照）．惑星状星雲の内側には，外層を失った星の中心核部分が取り残されることとなる．惑星状星雲が散逸すると，この中心核が露出するが，中心核は非常に温度が高かったため，熱エネルギーにより青白く光る**白色矮星**となる（図9.2）．白色矮星は色は青く，明るさは暗いため，HR図上では左下の領域を占める（図4.7参照）．

　白色矮星は核融合を起こさず，エネルギーを生み出さない．その代わりに，自重にあらがうために，電子の**縮退圧**を用いている．縮退圧とは量子力学的な作用であり，電子同士が狭い領域に押し込められると反発する力が働くことにより，自重で潰れることが避けられるのである[1]．

　白色矮星は太陽と同程度の質量を持ちながら，その大きさは10^7m程度であり，地球より一回り大きい程度でしかない．そのため，表面重力が非常に強くな

---

[1] 電子や中性子をはじめとする**フェルミ粒子**と呼ばれる粒子は，**パウリの排他原理**と呼ばれる量子力学的な原理により，複数の粒子が同じエネルギー状態を取ることが許されない．したがって，多数の粒子が密集する状況では，極低温であっても粒子同士が同じエネルギー状態を取らないよう，粒子は運動するようになる．この運動のために生じる圧力が縮退圧である．

っている．そこで，通常の恒星と連星系をな
す場合に伴星から物質が流入すると，白色矮
星表面では落下してきた物質が強い重力のた
めに強力に圧縮されることとなる．表面にあ
る程度流入物質が溜まってくると，圧縮によ
り密度が上がり，暴走的に核融合を起こすこ
とがある．このような爆発現象では，それま
で暗かった白色矮星が突然明るくなる．これ
は，あたかも新しい星が突如現れたように観
測されるので，**新星爆発**と呼ばれている.

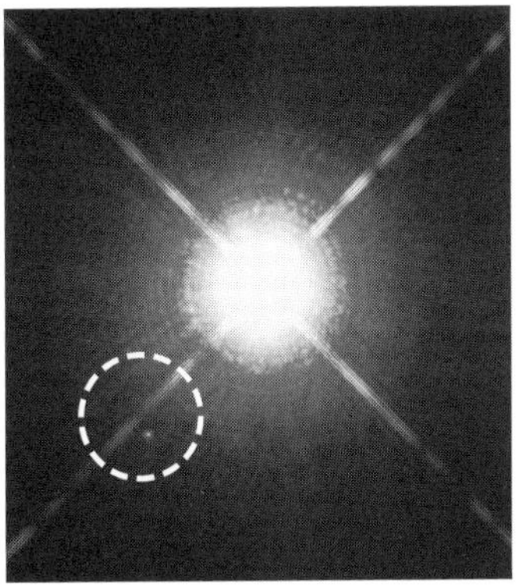

図9.2　白色矮星シリウスB．中央
の明るい星がシリウスA，
左下に移る小さな白い点が
シリウスBである.

9.1.2　中性子星

太陽のおおむね8倍よりも重い星は，その
生涯の最期に**超新星爆発**と呼ばれる大爆発を起こして一生を終える（詳しくは
9.1.3節および10章も参照）．この超新星爆発の結果，星の外部は宇宙空間へ吹き
飛ばされるが，星の中心は圧縮され，非常に高密度な状態となる．密度があまり
に高いため，電子の大半は陽子に取り込まれ，中性子となる．この残された中性
子主体の天体が**中性子星**である．中性子星は強い圧縮により非常に高密度となっ
ており，その質量は太陽と同程度（典型的には1-2倍程度）であるにも関わら
ず，半径はわずか10 km程度しかない．強い圧縮を受けたことから，誕生直後の
中性子星は非常に高温であるが，エネルギー源を持たないためにやがては冷えて
暗くなっていく．

中性子星はいくつかの観点から非常に重要な天体といえる．第一に，中性子星
は強い磁場を持つ．磁場を持った中性子星が回転すると，回転周期に応じてパル
ス状の電波を放出する．このような天体を電波**パルサー**と呼ぶ．電波パルサーは
非常に規則正しい周期で電波を出し，その精度は1年で1マイクロ秒も狂わない
ほどの正確さである．一部のパルサーは10^{14}ガウス（G）にも達する非常に強い
磁場を持っており，**マグネター**と呼ばれる．なぜ中性子星が強い磁場を持つかは
完全に理解されていないが，親星の持っていた磁場を圧縮して磁束密度を増加さ
せたことに加え，誕生時に発生する乱流に起因する**ダイナモ機構**（伝導性の流体

の流れとともに生じる電流が磁場を生成する現象）により磁場が増幅されたためなどと考えられている．パルサーやマグネターはプラズマ物理や強磁場環境での物理の実験場として重要である．

中性子星が単体で電磁波放射する際には，自身の回転エネルギーや磁気エネルギーを放射のエネルギー源として用いることになる．これに対し，中性子星が近接する伴星を持ち，その伴星から物質が降り積もっている（「質量降着」という）ような場合には，その降着物質のもつ重力エネルギーを解放することにより電磁波を放射することができる．この際には，中性子星の強力な重力により降着物質が高温に加熱され，おもに X 線で輝くこととなる．このような天体を **X 線連星系** と呼ぶ．中性子星の磁場が強い場合には降着物質は中性子星磁場に沿って落下し，磁極付近に集中する．回転する中性子星の磁極付近で強い X 線が放射される場合には X 線がパルス状に観測され，このような天体を **X 線連星パルサー** と呼ぶ．X 線連星は，超高密度・強重力・高温度・強磁場環境での物質の振る舞いを調べる格好の実験場である．日本は「**あすか衛星**」など，多くの X 線観測衛星を打ち上げてきており，この分野の研究では世界のトップレベルの成果をあげている．

さらに，中性子星同士が連星系を組む **二重中性子星連星** は，**重力波源** として重要なターゲットであるのみならず，その合体時に **重元素** を合成する元素形成の現場としても重要であることが近年になって明らかとなってきている（10章参照）．また，中性子星の中心のような超高密度環境では，通常には存在しえない特殊な物質（**エキゾチック物質**）が存在する可能性も指摘されており，素粒子物理学の視点からも興味深い．

9.1.3 ブラックホール

ブラックホールは宇宙の中でももっとも謎に満ちた天体のうちの一つといえるだろう．おおむね太陽の30倍よりも重い星は，その燃料を使い果たすと自分自身の重力を支えることができなくなり，中心に向かって潰れていく．質量が大きいと，中心に中性子のコアができてもまだ **重力崩壊** を止めることができず，さらに潰れていき，最終的にブラックホールとなると考えられている．ブラックホールは太陽よりもさらに大きな質量が，きわめて狭い領域にまで圧縮されたために，

非常に重力が強くなった天体である．重力があまりに強いため，光すらも脱出することができず，外からブラックホールを覗き見ると，一切の光が出てこない漆黒の穴のように見えると考えられる[2]．

　ブラックホールは強い重力によりすべてを飲み込む宇宙の穴，との印象を持たれることが多いが，実は宇宙でもっとも活動的な天体でもある．宇宙空間を漂う星間ガスや他の星から流出したガスなどがブラックホールに向かって流れ込むと，強い重力により引きずり込まれる．この際，流入する物質の重力エネルギーが解放され，非常に高温に加熱されるため，X線などで明るく輝く．また，ガスを落下させるために角運動量を放出せねばならないため，ものすごい勢いでジェットと呼ばれる物質流を吐き出すこともある．このように，物質降着するブラックホールは非常に高エネルギーでの活動性が見られるのである．非常に強いX線を出すX線連星として知られるはくちょう座X-1と呼ばれる天体も，このようなブラックホールに伴星からガスが流入して輝いている天体の一つである．

　ブラックホールには星が潰れてできる，恒星質量程度のブラックホールのほか，銀河の中心に位置する超巨大ブラックホールの存在も知られている．我々の住む銀河系の中心にも太陽の400万倍の質量を持つ巨大ブラックホールが存在している．このブラックホールの存在は，ブラックホール近傍の星が強力な重力で振り回される様子から実証されており，観測を行った2つのチームの代表者であるラインハルト・ゲンツェルとアンドレア・ゲズが2020年のノーベル物理学賞を受賞している．また，銀河系から約6千万光年離れた巨大楕円銀河M87の中心にある超巨大ブラックホールは，太陽の65億倍もの質量を持つ．M87のブラックホールは近年，日本の研究チームも関わるイベントホライズンテレスコープ（EHT）により直接撮像されたことでも有名である（図9.3）．

　現在では，ほとんどすべての銀河の中心に巨大ブラックホールが存在していることが知られている．銀河の中心に位置する巨大ブラックホールにガスが落ち込むと，強い重力のために強力なジェットとともに電磁波が放出される．このよう

2）一般相対性理論によれば，質量を持つ物体は周囲の空間をゆがめる．ブラックホールは大質量が狭い場所に集中したため，外向きに放射された光の軌道が内向きに曲がってしまうまで空間の歪みが大きくなった天体といえる．

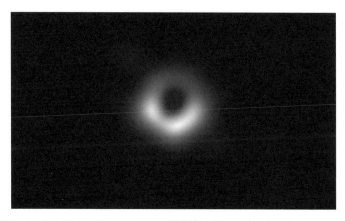

図9.3 EHT による M87のブラックホールの（電波）写真．中心の丸い穴がブラックホールの影（シャドウ）で，その周りの明るいリングは周辺の高温プラズマからの光．リング部分の見かけの直径は月面に置いた野球ボール程度（42マイクロ秒）であるが，実際の直径は10^{11} km もある）（EHT Collaboration）.

に非常に活動的な銀河中心ブラックホールは**活動銀河核（AGN）**と呼ばれる．AGN の中でもっとも活動性の高いものが**クエーサー**である．この他にも電波銀河，明るい中心核をもつ銀河である**セイファート銀河**などにも AGN が存在すると考えられている．AGN は見える角度によりさまざまな波長の電磁波で観測されるほか，遠方からでも観測できるため，宇宙における**銀河進化**の研究などに用いられている．

■ **トピック**

ブラックホールは毛が三本

　ブラックホールは光すら出てこないので，その特徴を捉えることは簡単でない．連星を組んでいれば，その軌道パラメータから質量を求めることができる．また，伴星や星間ガスからの**質量降着**がある場合，円盤状の**降着流**となってガスがブラックホールに吸い込まれるが，その円盤の内縁半径からブラックホールの質量と回転速度を推測することができる．

　ブラックホールには質量と回転の角運動量，それに電荷以外の特徴がない．

このことから「ブラックホールには毛が三本しかない」といわれる．または，特徴がないことを強調して「ブラックホールの**無毛定理**」と呼ばれることもある．実際には，ブラックホールが電荷を持つとしても，すぐに逆符号の電荷を引き寄せて電気的中性になってしまうため，電荷はゼロと考えて差し支えない．よって，ブラックホールには質量と回転角運動量以外の特徴はないといえる．

「光すらも出られない」とはいうものの，量子力学的効果を考慮すると，実はブラックホールはわずかではあるが電磁波を放射することが示されており，これを**ホーキング放射**と呼ぶ．電磁波を放射する代償としてエネルギーを失うため，ブラックホールは少しずつ軽くなり，やがては蒸発すると考えられている．しかし，蒸発にかかる時間は非常に長く，太陽質量程度より重いブラックホールが蒸発して消えるには10^{60}-10^{100}年もの時間がかかる．

9.2　高エネルギー現象

1秒当たりにどれだけのエネルギーを放出するかを表すのに，日常的にはW（ワット）という単位を用いることが多い．たとえば，家庭や学校などの一般的な電灯は，大雑把に100 W程度のエネルギー放出率である．エアコンなどの冷暖房器具は1000 Wを超える割合でエネルギーを消費するし，自動車のエンジンであれば，数十万Wのパワーを出すことができる．このような「1秒間に放出するエネルギー」という考えは天体にも当てはめることができる．

我々にとってもっとも馴染みのある天体である太陽はおよそ4×10^{26} Wの割合でエネルギーを放出している．これは通常の発電所（出力数10万 kW）100京機分に相当する（100京は10億の10億倍）．このことからも，太陽の生み出すエネルギーが桁違いに大きいことがわかるだろう．

しかし，太陽であっても，宇宙の中では特別に大きなエネルギー源というわけではない．宇宙には太陽よりもはるかに大きなエネルギーを放出し，明るく輝く天体が存在する．そして，それらの多くはコンパクト天体に関係している．

2011年4月10日03時05分［JST］　　2011年6月3日22時38分［JST］

図9.4　超新星爆発の写真（国立天文台・石垣島）．左は通常時の銀河で，丸の中に目立つ天体はいない．右は超新星が発生した際の写真で，丸の中の明るい点が超新星である．

9.2.1　超新星爆発

　可視光で見た際に，宇宙でもっとも明るく輝く爆発現象として**超新星爆発**がある（図9.4）．超新星爆発の中には，水素による吸収線や輝線（4章，A7.3，A7.4節参照）が見られないⅠ型と，それらが見られるⅡ型に大別される．Ⅰ型の中でも，とくにケイ素の吸収線が強いものはⅠa型と呼ばれる．

　Ⅰa型超新星爆発は白色矮星に由来すると考えられている．白色矮星はその質量に上限があり，太陽質量のおよそ1.4倍が最大質量となる．この最大質量を**チャンドラセカール限界質量**と呼ぶ．これ以上重い白色矮星は，電子の縮退圧で支えることができないため，重力崩壊する．チャンドラセカール限界質量に達した白色矮星では急激な核反応が起きて星全体が吹き飛ぶ大爆発が起こる．このときの明るさは銀河1つ分にも相当し，数日から数か月間かけて最大光度に達した後，徐々に暗くなっていく．白色矮星がチャンドラセカール限界質量を超える原因としては，大きくわけて，(1)伴星からの質量降着がある場合，(2)白色矮星同士の連星系が合体する場合，の2つに大別される．どちらが正しいのか，または

双方とも起こり得るのかなどは，いまだに結論が得られていない．

　Ia 型超新星の最大光度は，減光時間と関係があることが知られており，遠方にあってもその絶対光度を正確に知ることができる．そのため，遠方の銀河でIa 型超新星爆発が発生すると，その見かけの明るさから母銀河までの距離を正確に測定することができる．このような距離の指標となる天体を**標準光源**（スタンダードキャンドル）と呼ぶ（A6節参照）．Ia 型超新星は遠方宇宙における便利な標準光源であり，これを用いた遠方銀河の距離測定から，宇宙の加速膨張が観測され，2011年のソール・パールムッターらのノーベル物理学賞受賞につながった．

　一方，Ia 型以外の超新星爆発は，大質量星の一生の最期に起こる大爆発であると考えられている．質量が大きい星は，自身の重力を支えるために早いペースで核融合によるエネルギー供給を行う．そのため，星の中心付近には核融合により作られる重元素がたまっていき，最終的には鉄でできたコアが形成される．鉄は安定な元素で，それ以上核融合を起こしてエネルギー生成できないため，中心の鉄コアがある程度成長すると，星は自分自身の重さを支えるためのエネルギーを生み出せなくなり，重力崩壊を起こす．崩壊した星が中心付近で圧縮されると，非常に硬い中性子コアが形成され，外部から落ち込んでくる物質は中性子コアにぶつかって外向きに反発される．このとき形成される衝撃波が外層全体を吹き飛ばすと超新星爆発として明るく輝いて見える．残された中性子コアは，中性子星となる．一方，星の質量があまりに大きいと，中性子コアでも外層物質の落下を止めることができず，さらにつぶれてブラックホールを形成すると考えられている．

　超新星爆発は大雑把な見積もりとして，一つの銀河あたり100年に1回程度発生するものと考えられている．銀河系ではここ300年ほど超新星爆発が観測されていないが，銀河系のすぐ近くにある銀河大マゼラン雲では1987年に超新星爆発が起きている．このときに発生した大量のニュートリノの一部は日本の**カミオカンデ検出器**で観測され，超新星爆発のメカニズムの理解に大きく貢献した（**小柴昌俊氏**が2002年ノーベル賞受賞）．今後，銀河系内で超新星爆発が発生すれば，さまざまな波長の電磁波のみならず，ニュートリノや重力波でも観測され，星進化の理解や超新星爆発のメカニズムの解明，さらには中性子星やブラックホール

の形成過程の理解に有用な情報を大量にもたらすことが期待されている.

●例題

白色矮星は大きさが地球と同程度であり, 質量は地球の10万倍程度である. 白色矮星表面における重力の大きさは, 地球上での重力の大きさの何倍程度となるか.

答え 天体表面にある質量 m の物体にはたらく重力の大きさは, 天体の質量 M と天体の半径 R を用いて, 万有引力の法則

$$F = \frac{GMm}{R^2}$$

により求められる. これより, 天体の大きさが同じで, 質量が10万倍であれば, 重力の大きさも10万倍となる.

9.2.2 降着円盤と宇宙ジェット

ブラックホールや中性子星のようなコンパクト天体に伴星から物質が落ち込むとき, 実際に天体に落下できる割合は, 落下してきた物質の1割程度でしかない. 大半の落下物質は, 逆にコンパクト天体からはじき出されるのである. その理由の一つは降着してくる物質のもつ角運動量に由来する. コンパクト天体に落下してくる物質はコンパクト天体に向けてまっすぐ落下してくるわけではなく, 多少のずれを持って落下してくる (角運動量を持つ). そのためコンパクト天体に近づくにつれ, 周囲を回り込むようにして回転することとなる. このようにして, 落下してくる物質がコンパクト天体周囲に円盤状の構造を作ったものを**降着円盤**と呼ぶ.

降着円盤の内部では物質が回転しつつ落下していくが, その回転速度はコンパクト天体からの距離によって異なる. そこで, 異なる半径のところを回る物質同士で速度差が生じ, そこで摩擦が発生する. コンパクト天体の周囲では降着円盤内での摩擦は非常に大きく, 摩擦により発生する熱で降着円盤は加熱され非常に高温になる. ブラックホールや中性子星周囲ではその温度は100万℃を超え, 超高温の円盤はおもにX線で明るく輝くこととなる. そのため降着を受けるコン

図9.5　ブラックホールからのジェット噴出の写真（NASA and The Hubble Heritage Team (STScI/AURA)）．巨大楕円銀河 M87の中心付近から噴出するジェットの長さは5000光年を超え，噴出速度は最大で光速の9割を超えると推定されている．ジェットの噴出源のブラックホールは図9.3で紹介した超巨大ブラックホールである．

パクト天体はおもにX線で観測されるのである．

　高温に加熱された円盤内では，大量の光子が放出され，光の圧力である**放射圧**が強くなる．この放射圧が強くなると，降着円盤表面の物質が吹き飛ばされることとなる．また，強力な中性子星磁場や，ブラックホール周囲の円盤中のプラズマガスの運動による磁場に起因して物質が噴き出すこともある．何らかの理由で磁力線の繋ぎ変え（**リコネクション**）が起こると，ちぎれた磁力線が周囲の物質とともに吹き飛ぶ．また，遠方にまで伸びた磁力線が回転することで，磁力線に張り付いている物質が遠心力で吹き飛ばされるようなことも起こると考えられている．このように，コンパクト天体から高速で吹き出る物質は，ジェットやUFO（ultra-fast outflow）などと呼ばれる．

　銀河中心にある超巨大ブラックホールに物質が落ち込むと，超高速のジェットが放出される．巨大な楕円銀河である M87銀河の中心ブラックホールからは光速の90％もの超高速の物質流が噴き出し，銀河の外まで流れ出している様子が確認されている（図9.5）．

9.2.3　ガンマ線バースト

　宇宙でもっとも明るく輝く天体現象として，**ガンマ線バースト**が挙げられる．

ただし，明るいといっても目に見える可視光ではなく，さらに波長の短い電磁波であるガンマ線を大量に放出する爆発現象である．

ガンマ線バーストは，1960年代に，アメリカの軍事衛星により発見された現象である．当時，冷戦下における敵対国であった旧ソ連の核実験を監視するために，核爆発に伴い放射されるガンマ線を観測するための人工衛星がアメリカにより運用されていた．この衛星は，地球上ではなく宇宙のかなたから，ときおり明るいガンマ線が到来することを発見した．このようなガンマ線は非常に継続時間が短いことから，ガンマ線バーストと呼ばれるようになった．その放出エネルギーは等方的な放射を仮定すると，超新星爆発の100倍を超えるものもある．

ガンマ線バーストは，非常に明るく，宇宙のあらゆる方向からやってくる．銀河系内でほどほどに遠い天体が起源であれば，到来方向は銀河面に集中するはずであるはずである．しかし，等方的に観測されることから，その起源は(1)地球近傍の弱い爆発現象，(2)宇宙の非常に遠方での超高エネルギー現象，のいずれかと考えられていたが，その正体は長らく謎であった．また，発見数が増えるに伴い，ガンマ線バーストには，継続時間が短い（2秒以下）の「ショートバースト」と，継続時間が2秒以上数時間までの「ロングバースト」の2種類があることについても明らかになってきた．これら2種類のバーストが同じ種類のものであるのかどうかも，長年議論の的であった

1990年代の後半に入ると，ロングガンマ線バーストが暗くなった後に超新星爆発起源の光が観測されるようになり，ガンマ線バーストは非常に遠方の高エネルギー現象であること，その一部は特殊な超新星爆発に伴うものであることが明らかになった．ショートバーストについては比較的最近までその正体が未解明であったが，2010年代に入り，シミュレーション技術の進展や，電磁波観測に重力波観測を組み合わせたマルチメッセンジャー観測の成果により，後述するコンパクト天体同士の合体と関係することが理解されるようになってきている．

ガンマ線バーストは非常に明るいため，超遠方，すなわち遠い過去の宇宙における情報を我々に届けてくれる．またショートバーストを引き起こす二重中性子星連星の合体が，我々の身体や身の回りのものを形作る多くの元素の起源としても重要であることがわかってきている．そのため，今後のマルチメッセンジャー観測の重要なターゲットの一つと考えられている（10章も参照）．

9.2.4 コンパクト天体同士の合体

恒星の多くは連星系として生まれることがわかっている．そして，大質量の星の方が連星となる場合が多いといわれている．連星系中の大質量星は，進化の結果，超新星爆発を起こして中性子星となったり，つぶれてブラックホールとなったりする．もう一方の星も大質量であれば，やがて同様の進化を経て超新星爆発を起こす．この際，連星系が壊れてバラバラとなることもあるが，連星系が壊れなければそのままコンパクト天体同士の連星系となる．コンパクト天体の連星はやがて軌道が縮むと，衝突合体することとなる．

コンパクト天体同士の連星系は軌道運動する間に重力波の形で軌道運動のエネルギーを失っていく．**重力波**とはアインシュタインの一般相対性理論の帰結として予言される，時空のゆがみが空間を伝わる波動現象であり，密度の高い物体が加速度運動するような状況で発生する．連星系の軌道が小さくなると重力波によるエネルギー放出率は大きくなり，やがて2つのコンパクト天体は急速に近づいて合体する．合体の直前には大振幅の重力波を放出するが，合体して1つのブラックホールになると，重力波の振幅は小さくなっていく[3]．2015年の9月，アメリカの重力波検出器 LIGO が初めてブラックホール同士の合体により放射された重力波の検出に成功した（図9.6）．このとき観測されたのは，質量が太陽の約35倍と約30倍のブラックホール同士の合体で放出されたもので，その後太陽の約62倍の質量のブラックホールが誕生したと考えられている．この際，合体前の2つのブラックホールの質量の合計に比べ，合体後のブラックホールは太陽3つ分軽くなっている．この太陽3つ分の質量に相当するエネルギーが，合体時の1秒にも満たない時間で重力波として放出されたのである．このエネルギーは莫大で，光のエネルギーに換算するならば，銀河1つの出す放射エネルギーの10億倍以上にもなる．

2017年には，アメリカの LIGO とヨーロッパの重力波検出器 Virgo の共同観測により，**二重中性子星連星**の合体時に放出された**重力波**が観測された．直後にガ

3）合体するコンパクト天体が中性子星同士であっても，合体後は中性子星の最大質量を超えるため，最終的にはブラックホールになると考えられている．

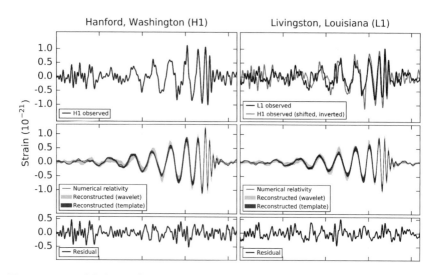

図9.6 LIGO の重力波信号（B. P. Abbott *et al.*（LIGO/Virgo Collaboration）*Phys. Rev. Lett.*
116, 061102 - Published 11 February 2016）. 上段は LIGO の 2 台の検出器で捉えられた
重力波（左がハンフォードにある検出器のデータ, 右がリビングストンにある検出器の
データに到達時間差を補正したハンフォードのデータを重ねたもの）. 2 つのブラック
ホールが近づくとともに, 振幅は大きく, 周波数は高くなり, 合体すると減衰してい
く. 2 段目は数値シミュレーションの結果であり, 観測と比較することで, 合体したブ
ラックホール連星のパラメータを導き出すことができる. 3 段目はシミュレーションと
観測の差（残差）.

ンマ線, X 線, 可視光線, 赤外線などさまざまな波長での観測が行われ, 二重
中性子星連星の合体時にはショートガンマ線バーストが起こり得ることが確認さ
れた. また, 可視光領域では**キロノバ**（新星（Nova）の1000倍明るいとの意味
でこの名前がついた）と呼ばれる爆発現象が起こることも確かめられた. また,
この際に金やプラチナなどの重元素が大量に生成されていることが明らかになっ
た. このようにして, 多波長の電磁波に加えて重力波やニュートリノなどのさま
ざまな信号を合わせて観測することで天体現象を理解する**マルチメッセンジャー
天文学**がスタートしたのである（10章も参照）.

9.3　宇宙は究極の実験室

　上述のように宇宙には地球環境とはまったく異なる極端環境を持った天体が多く存在する．このような環境や天体を研究することで，我々は高温・高密度・強磁場・強重力などの極端環境で何が起こるのかを知ることができる．

9.3.1　極限物理の理解

　天体の中では，地球上の実験室では到底実現できないような，極限的な環境が生み出されている．このような極限環境にある天体を調べることにより，超高温，超高密度，超強磁場のような極端な状況で，どのような自然現象が起こるのかを理解するヒントが得られる．

　たとえば，太陽のような恒星の中心付近では1500万℃を超える超高温環境が実現されることで，核融合反応が安定的に起きている．核融合を安定的に起こすことができれば，人類のエネルギー問題は大きく解決に向かうのだが，地球上の実験室ではいまのところ，太陽中心で起きているような安定的な核融合反応を継続的に起こし，エネルギーを取り出すことはできないでいる．そこで，核融合反応に対する理解を深めるため，恒星の観測が重要となる．この際，星の中心を電磁波で覗き見ることは不可能であるため，ニュートリノのように太陽中心の情報をダイレクトに伝えてくれる素粒子の検出実験が不可欠となる．

　太陽の中心付近はその自重により強く圧縮され，密度は100 g/cm^3（角砂糖サイズで100 g）以上の高密度状態となっている．しかし，宇宙には太陽中心を軽く凌駕するような超高密度環境が存在する．白色矮星や中性子星内部である．白色矮星の場合，質量が太陽と同程度（$\sim 10^{33}$ g）であるにも関わらず，そのサイズは太陽の100分の1程度（$\sim 10^9$ cm）となっており，その密度は10^6 g/cm^{3}にもなる．このような高密度環境では，地球上の物質とは異なり，電子の縮退圧が圧力を生み出す．さらに中性子星にいたっては，太陽と同程度の質量でありながらもサイズが$\sim 10^6$ cm程度しかなく，その密度は10^{15} g/cm^{3}にも達する．この密度は，富士山まるごと一つを手のひらサイズにまで圧縮したくらいの密度となる．実のところ，これだけの高密度環境で物質がどのように振る舞うのか，さら

には高密度環境で物質がどのような形で存在するのかは，まったくといって良い
ほどわかっていない．中性子星密度は通常の原子核の密度を上回るためである．
このような高密度下では，板状やパスタ状の原子核がつくられたり，通常は陽子
や中性子などの核子に閉じ込められているクォークが核子からにじみ出たクォー
ク物質が現れたりするなど，我々の理解を超えたエキゾチックな物質が現れると
いう理論も提唱されている．このような極限環境での物質の振る舞いを理解する
ためには，中性子星のような高密度天体を観測し，理論研究と突き合わせていく
しかないのである．

　また，中性子星においては磁場も強く，表面であっても10^{12} G を超えるような
強磁場環境が実現されている．マグネターと呼ばれる強磁場を持つ中性子星で
は，その磁場は10^{15} G にも達する．このような強磁場環境での物質の振る舞いも
地上実験では調べることができず，天体観測を通じてのみ明らかにすることがで
きる．

　強重力をもたらす中性子星やブラックホールは，地球では実現不可能な理論の
検証に使われる．1915年にアインシュタインが提唱した一般相対性理論は，大き
な質量を持った物体により空間がゆがめられることが重力の源であることを結論
する．1919年の皆既日食を用いて，太陽近傍を通過した光が曲げられ，背後の星
の位置がずれて観測されたことが確認され，一般相対性理論はニュートン力学に
代わる重力理論として認識されるようになった．一般相対性理論の主張する時空
のゆがみは，空間をゆがめて光の道筋を変え，重力源があたかもレンズのように
ふるまう**重力レンズ**や，重力場のゆがみが波として伝播する**重力波**の予言など，
多くの関連するトピックにつながっている．最近では，**原子時計**の精度向上によ
り（光格子時計），地球のもたらす重力赤方偏移を東京スカイツリーの展望台高
度と地上の差でも検証できたことが報告されている．

9.3.2　宇宙環境を用いた実験

　地球からほど近い軌道上の宇宙空間は，人間にとっても利用することのできる
手近な実験環境でもある．たとえば，地球上空約400 km の軌道を周回する**国際
宇宙ステーション**では，その環境を利用してさまざまな実験が行われている．
　軌道運動する宇宙ステーションや人工衛星では，ほぼ無重力状態を実現するこ

とができる．また，その外部はまさしく宇宙空間であり，超高真空（気圧が地球大気の100億分の1）状態となっている．太陽や地球からの放射を遮れば，10 K（マイナス263℃）以下の低温環境も簡単に実現できる．さらに，大気圏外は，地表には大気や地球磁場によって守られているため到達しないさまざまな放射線などが降り注ぐ環境となっている．

　このような環境を利用して，国際宇宙ステーションでは，さまざまな新材料や新薬剤の開発実験が行われている．地球上の実験室と違い，重力がない環境では，異なる物質を均質に混ぜることができるのは大きな利点である．また，宇宙空間という特異な環境にあって，生命の身体がどのように反応するかを調べる多くの実験も行われている．これらの実験を通して，将来まったく新しい材料や薬，また宇宙を起源とする動植物の新品種なども登場するかもしれない．

▮ トピック

極限天体とノーベル賞

　天文学分野では多くのノーベル物理学賞を獲得している．実はその多くは極限天体に関する研究である．以下に極限天体の関連するノーベル賞対象研究のリストを示す（年号は受賞年）：

1974年：パルサーの発見（アントニー・ヒューイッシュ）

1983年：恒星の物理（白色矮星の最大質量など）（**スブラマニアン・チャンドラセカール**）

1993年：連星パルサーの発見（ラッセル・ハルス，ジョゼフ・テイラー）

2002年：宇宙ニュートリノの検出（超新星からのニュートリノ）（**小柴昌俊**）
　　　　X線天文学（**リカルド・ジャッコーニ**）

2011年：超新星を用いた宇宙加速膨張の発見
　　　　（ソール・パールムッター，ブライアン・シュミット，アダム・リース）

2017年：連星ブラックホール合体からの重力波の検出
　　　　（レイナー・ワイス，バリー・バリッシュ，キップ・ソーン）

2020年：ブラックホールの理論的・観測的研究

(ロジャー・ペンローズ，ラインハルト・ゲンツェル，アンドレア・ゲズ)

ノーベル賞は新しい（かつ重要な）成果に対して授与されるものである．地上実験が難しい極限状態を実現している極限天体の研究が進めば，次々と新しい知見が得られるのは当然ともいえよう．極限天体研究では，近年もブラックホールの直接撮像や，連星中性子星合体による元素合成のマルチメッセンジャー観測など，重要な成果が次々と報告されている．今後もこの分野からノーベル賞研究が出てくることは間違いないだろう．

ちなみに，ノーベル賞は受賞対象となる成果が発表されてから10年以上たってから授与されることが多い．しかし，2017年の重力波の場合，重力波の初検出からわずか2年での受賞となっている．それだけ重力波検出のインパクトが強かったということであろうか．

章末問題

1. 中性子星は半径が地球の1/500程度であり，質量は30万倍程度である．中性子星表面での重力の大きさは，地球上の何倍程度となるだろうか．

2. 現代のブラックホールとは違うものであるが，18世紀にイギリスのジョン・ミッチェルとフランスの**ピエール・ラプラス**が独立に「光すらも抜け出すことのできない天体」について考察している．脱出速度 $v = \sqrt{2GM/R}$ が光の速度に達するような天体では，光すらも脱出できず，真っ暗な天体となることを彼らは予言している．地球サイズの天体で，脱出速度が光速に達し，光も脱出できない天体となるためには，その質量はどれだけとなるだろうか．

第 10 章

物質の起源と進化

　現在の宇宙（太陽系近傍）に存在する元素の割合は，質量比にして水素が約74％，ヘリウムが約25％，残りが酸素や炭素，鉄などその他の元素である．それに対し，岩石惑星である地球はおもに鉄，酸素，ケイ素，マグネシウムなどでできている．地球は宇宙に存在するほんのわずかな「その他」の元素を濃縮してできているのである．その地球の上で暮らす人間をはじめとする生命の身体も同様に，宇宙全体では微小量しか存在しない元素からできている．これらの元素は宇宙にはじめから用意されていたわけではない．我々を形作る元素の多くは，おもに重い星の中で核融合反応により作られ，星の死とともに宇宙空間にばらまかれたものと考えられている．つまり我々の身体は，かつて宇宙で輝いていた星のかけらでできているのである．

10.1 ビッグバン元素合成

　現在広く信じられているビッグバン宇宙論によれば，エネルギーの塊として生まれた宇宙は，誕生直後には非常に小さく，高密度で高温度環境にあったと考えられている．このような生まれたての宇宙では，まだ元素は存在していなかった．温度があまりに高いため，物質はすべて素粒子（それ以上分割することのできない物質の最小単位）として存在していた（クオーク・グルーオンプラズマと呼ぶ）．やがて宇宙が膨張するとともに温度が下がると，**クオーク**と**グルーオン**は互いに結びつき，**陽子**と**中性子**ができた．さらに膨張が続いて温度が下がると陽子と中性子が結びつき，原子核が形成されていく．
　原子核形成の過程では，はじめは陽子1個からなる水素原子核ができ，やがて

陽子2個と中性子2個からなるヘリウム原子核が合成される。しかし，原子核の合成が始まってからも宇宙は膨張を続けるので，やがて宇宙の密度が低下し，陽子と中性子が出会って原子核を合成する確率が急激に下がってしまった。そのため，宇宙の初期の段階では，おもに水素とヘリウム，そしてごく微量のリチウムと不安定なベリリウムの原子核のみが作られたと考えられている。宇宙初期の元素合成はビッグバンからわずか10分間ほどで完了した。つまり，宇宙がごく若かった頃，宇宙には元素としては水素とヘリウム（と微量のリチウム）しか存在しなかったのである。それよりも重い元素は，宇宙に星が誕生した以降に作られたものである（図10.1）。

ビッグバン元素合成が終わっても電子は原子核と結合しておらず，バラバラの**自由電子**として激しく運動していた。この状態では光子は自由電子と衝突・**散乱**して宇宙の中をまっすぐに進めなかった。物質（原子核と電子）は放射（光子）と強く相互作用していたのである。このため，物質密度にむらが生じても，放射に妨げられてそれが重力で成長し星になることはできなかった。ビッグバンから約38万年経つと宇宙の温度が下がり，自由電子が水素の原子核に捉えられ，光子が自由電子に散乱されずに宇宙の中をまっすぐに進めるようになった。それまで霧がかかったようだった宇宙が晴れ渡ったというイメージから，これは「**宇宙の晴れ上がり**」と呼ばれている。

この時点から物質は自らの重力で引き合って星を作るという道のりを歩むことができるようになった。水素とヘリウムよりも重い元素は，宇宙の晴れ上がり以降に誕生した星の中で作られたものである。

10.2 星の中での元素合成

10.2.1 星の中心部での核融合反応

人類が太古の昔から抱いてきた問いの一つに「星がなぜ光るのか」というものがある。星を光らせるメカニズムとして，19世紀までに多くの説が現れては否定されていき，結局この問題は20世紀に入っても解決を見なかった。一例を紹介すると，19世紀に分光学が発展し，太陽光のスペクトル中に水素の吸収線が見つか

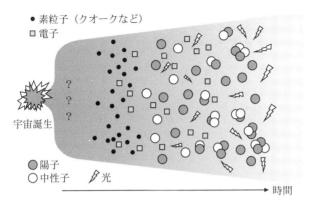

図10.1　ビッグバン元素合成の概念図．時間とともに膨張する宇宙のなかで，クオークなどから原子核が合成されてゆく様子をイメージしたもの．

ったことから，太陽には大量の水素が存在することがわかった．そこで，一時期太陽は水素の燃焼によるエネルギー供給により輝いていると考えられていた．しかし，太陽には水素燃焼に必要となる酸素がほとんど存在しないこと，水素燃焼でエネルギーを賄おうとすると，太陽は短い時間で燃え尽きてしまうことがわかり，水素燃焼説は棄却された．最終的に星のエネルギー源が明らかになるのは，1930年代に入り，原子核物理が一定の水準に達してからであった．

　1920年代に入ると，原子核が陽子と中性子からなること，また原子核が分裂することにより，別の原子核に変身することがわかってきた．その後，核分裂とは逆に，小さな原子核同士を衝突合体させ，より大きな原子核に転換する核融合も起こり得ることもわかってきた．1930年代に入ると加速器実験により，このような核融合が実現可能であること，また核融合の際にはエネルギーが放出されることが確認された．この原子核融合に伴うエネルギー生成に注目したのが**ハンス・ベーテ**たちである．ベーテらは，水素原子核の融合を何度か繰り返すことで，ヘリウム原子核を作り出すとともに，莫大なエネルギーを生み出すことができることを発見した．このような原子核融合は高温・高密度環境でのみ起こりえるが，星の中心付近ではこの条件が達成され，水素の核融合が起こりえることが明らかになった．ベーテはこの発見により1967年にノーベル物理学賞を受賞している．

　水素核融合の仕方は温度に依存し，1000万度以上では4つの水素原子核（陽

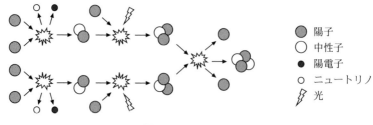

図10.2　pp チェイン

子）から１つのヘリウム原子核を生み出す **pp チェイン**反応が起こる．p は pro-
ton，つまり陽子のことである．pp チェインでは陽子が連鎖的に組み合わさって
ヘリウム原子核が作られるとともに，光の形でエネルギーを放出する．この過程
で，最終的に４つの陽子から１つのヘリウム原子核が作り出される（図10.2）．
太陽や星の中心付近ではこのような反応が連鎖的に起こることで，熱や光を発す
るとともに自らの重力を支える圧力を生みだしている．

　pp チェインは恒星の主要なエネルギー源であるが，重い星では炭素・窒素・
酸素を触媒としたヘリウム合成反応（**CNO サイクル**）も起こることが知られて
いる．温度がおおむね1500万℃ を超えると，pp チェインに加え CNO サイクル
が起こり始める（図10.3）．CNO サイクルでは４つの水素原子核（陽子）が合体
し，最終的にヘリウム原子核が作られる．CNO からなるサイクルが１周する間
に，水素原子核４つが組み込まれ，ヘリウム原子核１つが放出される．正味とし
て，４つの水素原子核が１つのヘリウム原子核に転換されている．

　太陽のようなさほど重くない星では，水素の核融合によりエネルギーが生み出
されるとともにヘリウムが生成される．このようにして，星ができるようになる
と，宇宙では初期にあった水素が次々とヘリウムに転換されていく．やがて，核
融合が起こっている星の中心付近でヘリウムの割合が増え，燃料となる水素の割
合が減ってくると，それ以上水素核融合が続かなくなる．太陽よりも軽い星は，
この時点でエネルギーを生み出せなくなり，死へと向かうこととなる．

　太陽よりも重い星では，中心付近でヘリウムの割合が高くなると，今度はヘリ
ウムの核融合反応により炭素を作るとともにエネルギーを生み出し，さらに明る
く輝くようになる．この際，３つのヘリウム原子核が炭素に転換される**トリプル**

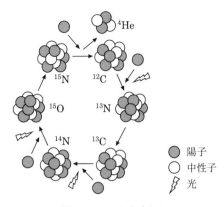

図10.3　CNO サイクル

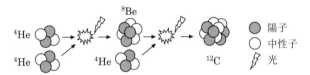

図10.4　トリプルアルファ反応．３つのヘリウム原子核が合体し，１つの炭素原子が生み出される．

アルファ反応が起こるが，この反応を起こすには１億℃程度の高温が必要となる（図10.4）．さらに炭素とヘリウムによる核融合で酸素，酸素とヘリウムの核融合でネオン，というように，次々に核融合が続く．核融合がどこまで続くかは星の質量に依存する．重い元素の核融合には高温が必要であるが，重い星ほど自身の重力により強く圧縮され，中心付近の温度が高くなるためである．太陽程度の質量の星の場合には，炭素と酸素までは生成されるが，そこで核融合は止まると考えられている．

　太陽の数倍程度より重い星であれば，最終的には鉄までの元素が生成される．鉄は非常に安定な元素であり，鉄にさらに小さな原子核を合体させると逆に不安定となるため，鉄が生成されると基本的にそれ以上核融合することができなくなる．よって，鉄よりも重い元素が星の中の核融合反応により作られることはない．このように星の中では鉄を終着点とし，それより軽いさまざまな元素が合成

される.

10.2.2 星の最期と元素合成

　前述のように比較的重い星の中では水素を材料に，鉄までのさまざまな元素が生み出されている[1]．実は，我々の身体を作っている元素も，その多くは星の活動により生み出されたものなのである．一方，星の中での核融合でできる元素は，鉄を上限としてそれよりも軽いものに限られる．鉄よりも重い元素は，重い星が一生の最期に起こす超新星爆発の際に作られると考えられている．核融合反応が止まると，星は死に向かうこととなる．太陽のおおむね8倍より軽い星では，核融合反応が止まると自らの重力で収縮し，温度が上昇する．すると外層が膨張し，やがて自身の重力を振り切って星間空間へと放出される．最終的には外層は失われ，核融合による生成物でできたコアが残されることとなる．この際に放出された外層は惑星状星雲を形成する[2]．この際，外層とともに核融合の生成物の一部が**星間空間**に放出される（図4.9）．外層が星間空間へと散逸した後，残された高温のコアは青白く光る白色矮星となる（図9.2）.

　一方，太陽の10倍程度より重い星の最期はまったく異なる．重い星では，核融合によるエネルギー生成が止まると，自らの重力で収縮するが，大きな質量のため中心付近は強く圧縮され，温度が急激に上昇する．すると，熱エネルギーが高いエネルギーを持つガンマ線に転換され，このガンマ線が中心付近にたまった鉄原子核を破壊する．鉄原子核でできたコアが破壊されると，大質量星は支えを失い，一気に重力崩壊する．このような崩壊は最終的に鉄コアが壊れて出てきた中性子同士が反発する力で止められるまで続く．中心での中性子密度が10^{14} g/cm^{3}程度に達すると，中性子同士がお互いに反発する力（縮退圧）により崩壊が止められ，中心には中性子でできた小さく高密度な硬い核が形成される．この核に落ちてきた外層は硬い核により反発され，逆に外向きに**衝撃波**が広がることになる．こうして，外層に衝撃波が伝わると，外層が吹き飛ばされ，星は大爆発を起

---

1) リチウム，ベリリウム，ホウ素は例外的に，星で作られた元素が宇宙空間で他の粒子と衝突して壊される**破砕反応**により生成されると考えられている.
2) 初期の性能の良くない望遠鏡では，星のような点状の天体ではなく，丸く輝く惑星のように見えたのでこの名前がついたが，惑星とはまったく関係ない.

こすこととなる．このような爆発を重力崩壊型超新星と呼ぶ[3]．

　重力崩壊が起こると，原子核中の陽子や電子は圧縮され，強制的に陽子が電子を吸収して大量の中性子が作られる．この中性子は，爆発の際に高速で吹き飛んでいくが，中性子は電気的に中性で，電気力を受けないため，星の外層にあった原子核に衝突すると吸収され，次々とより重い原子核に転換される．このような反応をr過程と呼ぶ．r過程では鉄よりも重い原子核も作ることができ，大量の重元素が一気に作られ，星間空間にばらまかれることとなる[4]．

　こうして，超新星爆発の際には鉄よりも重い元素が作られ，宇宙空間に拡散していく．この際に作られた元素も地球には多く存在する．また，爆発の後には吹き飛ばされずに残った中性子の塊である中性子星が残される（9章参照）．

　一方，もともとの星の質量が非常に大きいなど，何らかの理由によりつぶれた重い星が爆発に失敗し，そのままつぶれてしまう場合もあり，この際にはブラックホールが形成されると考えられている．ブラックホールは重力が非常に強く，周囲の空間をねじ曲げてしまった結果，光すらも抜け出せなくなってしまった天体で，星の死後に残されるだけでなく，銀河などの中心には巨大なブラックホールが存在することが知られている．しかし，重い星の死後，どのような条件でブラックホールが誕生するのか，また銀河中心の巨大ブラックホールがどのようにしてできたのかは，いまだによくわかっていない．（章末のコラムも参照のこと）

●例題　太陽の燃焼エネルギーを考えてみよう．

　水素を燃焼させるときに発生するエネルギーは，水素1モル（2g）当りおよそ3×10^5 Jである．一方，太陽が放射するエネルギーは毎秒3×10^{26} Jと見積もられている．水素燃焼で太陽のエネルギーを賄おうとすると，太陽の寿命は何年程度と推定されるか．ただし，太陽質量は2×10^{33} gとし，そ

3）ここで紹介したプロセスは光分解と呼ばれるものである．一方，太陽の8-9倍程度の質量を持つ星のコアでは，電子捕獲反応という異なる物理過程でコアが壊れると考えられている．

4）r過程のrは"rapid"の頭文字である．これに対し，星の中心付近で核融合反応とともに放出される中性子が周辺の原子核に吸収されてより重い元素に転換される元素合成過程も存在する．このような過程は"slow"のsをとってs過程と呼ばれる．r過程元素合成では1秒にも満たない短い時間で大量の元素を一気に作るのに対し，s過程では星の寿命，すなわち数百万年以上の時間をかけてゆっくりと進む．

の7割が水素である．太陽は持っている水素すべてを燃料とすることができるとする．

解答例　太陽の放射エネルギーを水素燃焼で賄うためには，毎秒

$$\frac{3\times10^{26}}{3\times10^{5}}\times\frac{1}{2}=2\times10^{21}\,\text{g}$$

の水素を燃やす必要がある．

太陽の持つ水素は$2\times10^{33}\times0.7=1.4\times10^{33}\,\text{g}$であるので，この質量を1秒当りの消費量で割ってやると，太陽の寿命は

$$\frac{1.4\times10^{33}}{2\times10^{21}}=7\times10^{11}\,\text{秒}$$

と求まる．

1年間はおよそ3×10^{7}秒なので，この寿命は約23000年となる．別の証拠より，太陽は45億年ほど輝いていることがわかっているので，この数値は明らかに小さすぎる．

■ トピック

超新星爆発

超新星爆発はそれまで特に目立つ星のなかった場所に，突然明るい星が誕生したがごとく観測される．非常に明るいため，地球の近傍でこのような現象があれば，肉眼でも観測することができる．そのため，古い文献にその記録が残されていることがある．1200年ごろ，藤原定家によって記された『明月記』には，伝聞形式で「後冷泉院 天喜二年 四月中旬以降 丑時 客星觜参度 見東方 孛天関星 大如歳星」（1054年におうし座に「客星」が現れ，木星のように輝いた）と記録されている．この「客星」とは突然現れる星のことであり，現在ではこの記載は超新星を記録したものと考えられている（ほかにも2つの明るい客星の記述がある）．『明月記』に記載のある1054年の超新星は，現在では**かに星雲**と呼ばれる**超新星残骸**として観測されている．このように古い文献を調べることで，過去に起こった天文現象について知ることもでき，古典文学と自然科学をまたぐ研究分野として関心を集めている．

図10.5　かに星雲（NASA, ESA, J. Hester and A. Loll（Arizona State University））

10.3 鉄より重い元素の合成

　このように宇宙に存在する元素はおもに宇宙初期，星の中，超新星爆発で作られたものである．しかし，実はこれらのプロセスだけでは，重元素の総量や，金やプラチナ，ウランなどの非常に重い元素の存在比を完全には説明できないことが最近になりわかってきた（宇宙の元素の存在量を図10.6に示す）．特に，超新星爆発時の元素合成では金やプラチナなどの重元素を十分な量生成できないことが問題となっていた．多くの物理プロセスを再現した数値シミュレーションを実行してみると，超新星爆発で中心核から供給される中性子の割合が実はあまり高くならず，金やプラチナのような重い元素を合成するには中性子が不足していることがわかってきたためである．そこで，金やプラチナのような重い元素を合成する現象として，中性子星同士の合体衝突に伴う爆発現象がにわかに注目を集めるようになってきている．

　金やプラチナのような重い元素を生成するためには，種となる元素に大量の中性子を合体させてやる必要がある．中性子は電気的反発力を受けないため，核に取り込ませやすいからである．そのような大量の中性子が流れ込むような天体現

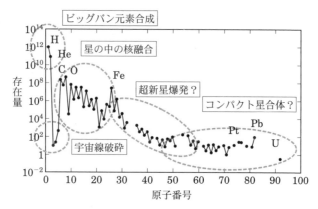

図10.6 宇宙（太陽系）に存在する元素の存在量．縦軸は個数密度の対数となっており，水素原子の値が10^{12}となるよう規格化されている．プラチナ（Pt）あたりの元素の存在量が若干高くなっているが，超新星爆発による元素合成ではこのような存在量のピークが説明できない．

象の一つとして，中性子星同士の合体衝突が有力な候補と考えられるようになってきたのである．前述の通り，中性子星は巨大な中性子の塊である．この中性子星同士が合体すれば，周囲に大量の中性子を放出することとなり，重い元素まで作るような r プロセスを起こすことができるかもしれない．また，1993年のノーベル物理学賞受賞者であるラッセル・ハルスとジョゼフ・テイラーが発見したように，実際に宇宙に二重中性子星連星が存在し，その軌道が縮みつつあるという観測的事実も報告されている．しかし残念ながら，中性子星同士で連星を作り，さらにその連星が合体するという事例は近傍宇宙ではきわめて希であり，なかなか観測することは難しかった．そこで，このような天体現象で何が起こるかはシミュレーション技法を駆使した数値実験による研究が先行していた．

　実際には二重中性子星連星の合体の数値シミュレーションは難しい．非常に強い重力が関係する二重中性子星連星合体のシミュレーションでは，一般相対性理論を考慮に入れなくてはならない．また，中性子星は非常に強い磁場を持つため，磁気流体数値計算と呼ばれる，磁気的な力を考慮した流体計算を行わなくてはならない．さらに，二重中性子星連星の合体では超高温となるため，大量のニュートリノが発生し，ニュートリノによる加熱や圧力も重要な役割を果たす．さらには，中性子星合体により放出される中性子が星周物質に吸収されて大規模な

rプロセスが進行して重い元素が形成されることも再現しなくてはならない．このような高度な数値計算では，日本の数値計算グループもその発展に大きく寄与している．

　二重中性子星連星の合体は，さらに「ショートガンマ線バースト」と呼ばれる天体現象との関連も取り沙汰されていた．第9章で見た通り，**ガンマ線バースト**とは，短い時間だけ，非常に明るいガンマ線が宇宙から到来する現象で，1960年代に発見されたものの，その正体は長い間謎であった．ガンマ線バーストには継続時間が2秒以下の「ショート」バーストと，2秒以上続く「ロング」バーストがあることがわかっていた．1990年代に入り，長いバーストは大質量星の重力崩壊と関連していることがわかってきた．しかし，短いバーストが何に起因するのかは未知のままであったが，その候補としては二重中性子星連星の合体も挙げられていた．

　さらに二重中性子星連星の合体は重力波天文学の観点からも大変興味深い現象である．中性子星はブラックホールほどではないが，非常に高密度な天体であるため，その合体時には強い**重力波**が放出され，その時空のゆがみが四方八方に伝わるはずである．

　このように，中性子星同士の合体は，(1)金やプラチナなどの非常に重い重元素合成の現場，(2)短いガンマ線バーストの起源，(3)時空のゆがみの波である重力波の強力な発生源，などの複数の観点からきわめて注目される天体現象なのである．

　2017年8月17日にLIGOとVirgoによりコンパクト連星合体により放出された重力波が検出された．それとほぼ同時刻にガンマ線観測衛星が，短いガンマ線シグナルを検出した．その後の解析により，重力波の到来方向とガンマ線到来方向が同じであるとして矛盾しないことが明らかとなった．また，重力波のシグナルは二重中性子星連星の合体により放出されるものと考えられることもわかった．これらのことから，ついに中性子星同士の合体が実際に観測され，その現象がガンマ線バーストを伴うことが確認されたのである．その後に観測された可視／赤外線の残光からは，二重中性子星連星の合体時に重い元素の合成が行われたと考えられることも明らかとなった．それに加え，実際に観測された天体現象が数値シミュレーションによる予想とほぼ一致していたことは，理論天文学者の築いて

きた物理的素過程に対する理解が正しかったことを証明する結果ともなった.

このような,重力波と可視光,赤外線,X線,ガンマ線などの電磁波,そしてニュートリノなど異なる情報の同時観測は現代天文学の最先端の分野であり,マルチメッセンジャー天文学と呼ばれている(II-3.4.1節参照).

10. 4 星間空間における物質の化学進化

星の中で作られた元素は,最終的には星の死とともに,星間空間にばらまかれることとなる.これらの元素は水素とヘリウムを主体とするガスと混ざりあい,やがて再び凝集されていく.星間物質の密度がある程度高くなった分子雲の中では,星間物質の塊が自分自身の重力(自己重力)でさらに中心に集まっていき,やがて分子雲コアを作り,次世代の星形成につながっていく.

星形成では,重元素の微小な粒子であるダスト(塵)の存在が大きな役割を果たす.星の中,あるいは星の最期の段階で作られ放出される重元素は,原子同士がバラバラになった気体として存在している.しかし,ある程度その密度が高くなると,重元素同士が結合し,固体のダストを形成する.ダストが形成されるほど重元素が高密度となる環境として,大量の星風を吹き出す漸近巨星分枝にあるAGB星周辺や,超新星爆発時が考えられるが,ダスト形成についてはまだわかっていない点も多い.ダストが存在すると,周囲のガスから熱を吸収し,効率的に放出することができるので,星形成の現場などではガス雲を冷やす働きを持ち,星形成効率を上げると考えられている.また,星形成のプロセスでは,炭素を主体とした有機物や,場合によっては多くの原子が組み合わさってできる高分子化合物などが宇宙空間で形成されることがわかってきている.このような分子の形成は,若い星の周辺で,星間物質中の原子分子の合体衝突により作られたり,ダストの表面に付着した元素同士がくっついたりして形成されるものと考えられている.若い星の周囲では,メタノール(CH_3OH)やアセトニトリル(CH_3CN)のような比較的単純な構造の化合物のみならず,ジメチルエーテル(CH_3OCH_3)やギ酸メチル(CH_3OCHO)などのより複雑な構造を持つ有機化合物,さらには炭素60個がサッカーボール状にまとまったフラーレンや,地球の生命に必須な糖類までもが存在することがわかっている.これらの化合物は各々特

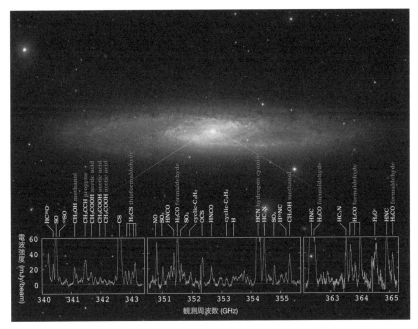

図10.7　欧州南天天文台 VISTA 望遠鏡で撮影した活発な星形成を行う銀河 NGC 253（上図）. 下図はアルマ望遠鏡による観測で得られたその中心部のスペクトルであり，有機化合物を含むさまざまな分子が放つ電波が隙間なく並ぶ（ESO/J. Emerson/VISTA, ALMA（ESO/NAOJ/NRAO）, Ando *et al.* Acknowledgment: Cambridge Astronomical Survey Unit ／ ALMA プレスリリースより. https://alma-telescope.jp/news/press/ngc253-201711）.

有の振動数の電波を放出することから，微弱な電波を高い周波数分解能で観測することで，星間物質中の化合物の存在がわかる（図10.7参照）. このような星間空間における化学進化の解明には，日本が世界と協力して運用を担う ALMA 望遠鏡が活躍している（II-3章の図3.6参照）.

　星間空間に存在する有機化合物が新しく誕生した惑星に持ち込まれ，生命の材料になる可能性もあるが，惑星上の生命の材料がどこからもたらされたのかについては，まだよくわかっておらず，現在研究が進められているところである.

10.5 宇宙における元素の輪廻

　10.1節で述べたように，宇宙がビッグバンにより誕生した直後，宇宙に存在していた元素は水素とヘリウムのみであった．宇宙初期に作られた水素とヘリウムは，やがて重力相互作用によりお互いに引きあい，集まり，高密度となって星を作った．星の中では水素からヘリウム，ヘリウムから炭素，…というように核融合により次々に重元素が作られていった．星で作られた重元素は星の進化の最終段階で宇宙空間に放出され，あるいは爆発現象によりさらなる重元素合成を経てばらまかれることとなる．このようにしてばらまかれた重元素を含む星の残骸は，やがて宇宙空間の水素やヘリウムとともに再び重力で集められ，次世代の星を作り出すこととなる．このように，宇宙ではつねに物質がリサイクルされているのである．死を迎えた星があっても，その星に含まれていた物質は，また別の星の誕生につながっていくのである（図10.8）．

　宇宙空間に散らばった元素から星が作られるとき，重元素からなる固体成分のダストが含まれている場合，誕生した星の周囲に固体惑星を作ることがある．地球や金星・火星などの太陽系の固体惑星も，実はかつてはどこかの星の中で作られ，星の死とともに宇宙空間にばらまかれた重元素からできているのである．当然，地球上に住む我々生命体の身体を形作る元素も同様である．つまり，我々の身体は，もとをたどると過去に宇宙で輝いていた星の残骸からできているということになる（5章も参照）．

　いまからおよそ50億年後には，太陽もその寿命を終えることになる．その際，太陽は膨らんで地球などの惑星を飲み込み，そして惑星状星雲として地球の物質を含む重元素を宇宙にばらまくことになるだろう．そして，太陽の残骸も，さらに数億年後には新しい星の材料としてリサイクルされることになる．このときには，現在我々の身体を構成している元素も，新たに生まれる星や，その惑星系に引き継がれることになる．このように，宇宙では，つねに元素は輪廻しているのである．

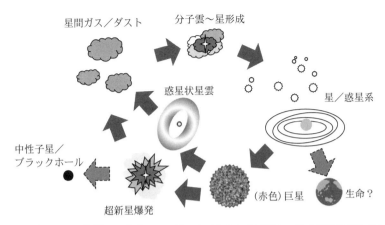

図10.8　宇宙における物質のリサイクル．星の中で作られた元素と，星の最期に作られる元素
は，星間物質として次世代の星や惑星の材料となる．このようにして宇宙では物質が
繰り返しリサイクルされている．

■ 発 展

巨大ブラックホールの謎

　銀河の中心には巨大なブラックホールが存在していることが知られている．
我々の住む太陽系が所属する銀河系（天の川銀河）の中心には，太陽の400万
倍もの質量を持つ巨大ブラックホールが存在していることがわかっている．こ
のことは，銀河中心付近の電波源（いて座 A* と呼ばれる）周囲の星の回転運
動を観測することから確かめられており，この観測を行った２つのグループを
指揮したラインハルト・ゲンツェルとアンドレア・ゲズが2020年のノーベル物
理学賞を受賞している．また，銀河系外では，巨大銀河 M87の中心に位置す
る太陽の65億倍もの質量を持つ超巨大ブラックホールも見つかっている（９章
参照）．

　しかし，このような巨大ブラックホールがどのように誕生したのかは未だに
謎である．大きくわけて次の２つのシナリオが考えられているが，未だに決着
はついていない．１つのシナリオは，巨大なガスの固まりが一気に重力崩壊し
て，いきなり巨大なブラックホールができたというものである．他方は，最初

は星程度の質量の小さなブラックホールができ，その小さなブラックホールが周囲のガスを吸収する，あるいはブラックホール同士が合体するなどして成長し，質量を増したというものである．後者のシナリオが正しいとすると，太陽の100-1万倍程度の質量を持つ成長過程の中間的な質量のブラックホールが存在するはずである．そこで，巨大ブラックホールの誕生過程の解明のためには，中間質量ブラックホールの発見が鍵を握っていると考えられている．

　銀河中心ブラックホールの質量は，銀河のバルジ成分（銀河中心を取り巻くように分布する球状の星の集まり）の質量と相関することがわかっており，銀河自身と中心ブラックホールはともに手を取り合って成長していると考えられている．それでは，銀河が誕生した後に，中心に巨大ブラックホールが誕生したのだろうか．それとも，巨大ブラックホールの周囲に銀河が形成されていったのであろうか．銀河の形成は宇宙誕生から数億年以内，宇宙に物質が誕生してからかなり早い段階ですでに進んでいたと考えられている．物質が誕生してから銀河ができるまでの間は，天文学上の重要なミッシングリンクの一つである．

章末問題

　太陽での核融合反応では，水素1 g当り6×10^{11} Jのエネルギーを生み出すことができる．このことから，太陽の寿命を推定せよ．

第 II 部

宇宙を伝えたい人に

第1章

天文学と社会

　第Ⅱ部では，第Ⅰ部で紹介した現代天文学の魅力を周囲の人へ伝える人たち（教員，学芸員，科学コミュニケータ他）を念頭に，伝えるときに役立つ知識や技能について紹介する（「付録」も参照）．13世紀以降20世紀途中までは，世界中の多くの高等教育機関（大学）において，学生は教養（リベラルアーツ）を修得することが通常であった．教養とはおもに自由七科のことで，具体的には文法学，修辞学，論理学，算術，幾何，音楽，そして天文学のことである．日本においては1970年以降の教育改革によって多くの大学で教養学部が次第に廃止され，大学において物理学科を除く学部・学科で教養としての天文学を学ぶ機会は減少した．

　　「私にとって教養という言葉の持っているぎりぎりのものというのは，人間としてのモラルです．教養という言葉を揶揄するときの常套句に『理性と教養が邪魔をして』というのがありますね．でも，慎みを忘れそうになったときに，『理性』と『教養』とが邪魔をしてくれなければ，それは人間じゃない，とさえ言えるのです」（村上陽一郎，『あらためて教養とは』（新潮文庫）より引用）

　現代社会を生きるすべての人が，天文学を含む教養を身に付けることが，直面する社会分断からの回避や，**持続可能な開発目標**（SDGs）の達成等，現代社会の諸課題を解決する糸口になるのではないだろうか．そして，身に付ける教養そのものも現代社会にマッチしたものでなければならないだろう．本章では，教養としての天文学を念頭に，天文学と社会について考えてみよう．

1.1　天文学の歴史と世界観

　天文学とは私たちが住む世界＝宇宙そのものの理を解き明かす営みである．ここでは天文学の歴史のなかで社会との関りを中心に象徴的な出来事を数例紹介する．しかし，ここで紹介しきれない古今東西の多くの先人によって天文学という科学は築かれてきたことに留意すべきである．

1.1.1　天文学のはじまり──信仰・政として，実学として

　天文学は古代バビロニアにかぎらず，いずれの文明発祥の地においても，それぞれ独自に発展した．人間の力をこえた存在を自然のなかに見出した古代人にとって，宇宙は自然を畏敬する念（Awe）に基づくアニミズムの対象でもあった．一般に権力者にとっては自然界を平民以上に理解することが必要だった．このため，暦や測量といった科学の発達と並行して，それぞれの民族の神話と結びつき，占星術も発展した．

　古代の人々は天の神秘を解き明かそうと，星の世界を**星座**にまとめ，神話と結びつけていった．人々は生活圏ごとに異なる星座を自由に創造し用いた．現在使われている星座のいくつかの原型は7～5千年前の古代バビロニアにみられ，古代エジプト，古代ギリシャに引き継がれた．特に，ギリシャ人は多くの星座に神話に登場する神々の名前をつけた．これらのギリシャの星座を整理し，さらに大航海時代に南半球で名づけられたおもだった星座を合わせて，**国際天文学連合**（IAU）は1930年に全天で88の星座を定めた．現在では，この88の星座が国際的に利用されている．

　占星術は，天体の運行と人間社会の出来事を結びつけて占う技術で，古代バビロニア，ギリシャなどで発展した西洋占星術のほか，中国で発展した東洋占星術なども伝承されている．しかし，太陽の通り道に位置する12個の星座に基づく黄道十二宮（天球上で**黄道**を中心とした帯状の領域を黄経にしたがって等分割した12のゾーンのこと）による星占いに科学的な根拠はまったくない（黄道と黄道十二宮についてはII-2章およびA2節参照）．

　一方，**暦**や測量といった実学としての天文学の発展も，古代文明時代にすでに

現在用いられている技術の基礎が築かれている．バビロニア暦の始まりは紀元前4700年頃，エジプト暦の始まりも紀元前4200年頃で，不完全とはいえ7000年近く前から人類が暦を使っていたことになる．天体の観察は農耕にとって特に重要だった．エジプトの暦は太陽の運行をもとに編み出された太陽暦だが，古代中国では殷の時代（前17世紀頃〜前1046）に，月の満ち欠けを基準に太陽の動きをも加味した**太陰太陽暦**が使われていた．周の時代（前1046〜前256）になると，天帝が天文現象を通じて地上の統治者に思いを知らせるという信仰が生まれ，天体を観測してその意味を解釈する天文学者のさきがけともいえる専門家が生まれた．

　天体の観測により時刻や季節を知ることができるほかに，方位を正確に知ったり，地球上で自分のいる緯度，経度を求めたりすることができる（A2，A3節参照）．このことは，遊牧民のように旅をする民族にとって古くから重要な科学技術であった．その後に農耕を始めた世界各地の定住民族にとっても，暦や天体を用いた測量技術は必要不可欠な実学であり，たとえば，古代エジプトでは前3000年頃のピラミッド時代に，すでに星の位置を測定してピラミッドの向きを決めていたことが分かっている．さらに，ヨーロッパ人が大海原に飛び出した15世紀以降の大航海時代を迎えると，天体の位置を測定する機器や時計が急速に発展した．

●例題（疑似科学を見破る　その1）

　科学リテラシーの一つとして，科学的なものと非科学的なものを見分ける力を身に付けたい．ここでは星占いについて取り上げる．友人等と協力してグループワークとして，各自で星占いが載っている雑誌や新聞，ネット情報などを収集する．収集した同時期の占い内容を比較してみる．運・不運などの予想がまちまちであることに気づくだろう．さらに，星占いの歴史を調べることで，科学的な根拠が伴わないことが理解できる．星占いに限らず，血液型占いや大安などの**六曜**もその根拠や信憑性について調べてみよう．

1.1.2　天動説と地動説——パラダイムシフトの一例として

読者の多くはルネサンス期の**ニコラウス・コペルニクス**が地動説を初めて唱え

たと思っていることだろう．しかし，ギリシャ時代にも，地動説（太陽中心説）を唱えた学者が複数いた．前3世紀頃，**アリスタルコス**は月食のときに月が地球の影の中を移動するようすを観測し，地球の直径は月の直径の約3倍であることに気づいた．彼はまた，月が半月，すなわち**上弦**または**下弦**の

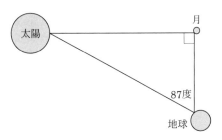

図1.1　アリスタルコスによる太陽が月よりも遠いことの証明

ときには，太陽と月と地球がほぼ直角三角形をつくると考え，太陽は月よりも遠いことを証明した．さらに，月と太陽の見かけの**視直径**がほぼ等しいことから，太陽が地球よりも明らかに大きいことを推論し太陽中心説を唱えた．しかし，地球が太陽のまわりを回る説は支持されず，当時ほとんどの人は太陽や星などが張り付いた天球が地球を回る（**天動説**）ものと考えていた．

　天動説の体系を完成したのは，**クラウディオス・プトレマイオス**で，西暦120年頃のことである．彼の記した『アルマゲスト』はその後，中世ヨーロッパの時代まで長きにわたって天文学の教科書として使用された．

　ギリシャ時代から天文学者を悩ませていた最大の問題は，天球上の複雑な惑星の動きをどう説明するかであった．一週間を日月火水木金土と呼ぶことからもわかるように，地球から天球を観察したとき，太陽（日）と月と五つの惑星は他の星（恒星）と異なった動きをする．この7つの天体は，だれが発見するでもなく，有史とともに存在が広く知られていた．これらの天体の動きを正確に予測できるかが，古代から中世にかけての天文学の主たる課題の一つであった．

　惑星の不規則な動きを予報するために，地球のまわりを回る円軌道上にさらに何個もの小さい円（**周転円**）を組み合わせ，その円周上を惑星が速度を任意に変えて動くという周転円説を発展させたプトレマイオスは，地球の中心と少しずれた中心をもつ離心円の考えを取り入れ，それぞれの惑星はそれぞれの離心円の円周上にある周転円の円周上を動くと説明した（図1.2）．複数の周転円の組み合わせが複雑ではあったが，この方法により，一定の期間であれば惑星の運動をかなり正確に言い当てることができた．

　一方，10世紀から11世紀に花開いたイスラム・ルネサンスは，イスラム圏にて

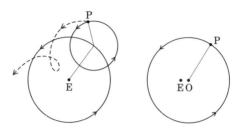

図1.2 左図は周転円，右図は離心円を示している．ここで，Pは惑星，Eは地球，Oは離心円の中心．

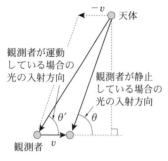

図1.3 光行差の説明図

学術，文化が発展した時代であり，アル・バッターニーは天体の位置計算で必要となる球面三角法を発達させていた．

　1543年，ポーランドの**コペルニクス**の臨終の枕もとに届いた本は，彼自身の著作『天球の回転について』であった．この本で，コペルニクスは太陽のまわりを地球が回るという太陽中心説（**地動説**）を唱えた．後世，**イマヌエル・カント**は価値観が180°転換することをたとえて，「コペルニクス的転回」と呼んだ．地動説の直接的証拠である**年周視差**（I–1章コラム参照）が初めて検出されたのは，300年近く経た1838年である．ドイツの**フリードリヒ・ベッセル**が望遠鏡による精密な観測を行ない，はくちょう座61番星の年周視差を検出した．その視差はわずか0.3秒角（0.3″）に過ぎなかった．宇宙は当時の人びとの想像以上に広大であったのだ．なお，年周視差の発見に先駆けて，もう一つの直接的証拠である光行差が1728年，イギリスの天文学者ジェームズ・ブラッドレーによって発見されている．**年周光行差**は，年周視差同様に地球の公転によって引き起こされる現象で，公転する地球から天体を観測すると観測者が移動しているために，天体の位置が移動方向にずれる現象である．年周光行差はおよそ20.5″程度で，年周視差よりもはるかに測定しやすかったのだ（図1.3）．

1.1.3 天体望遠鏡が拡げた世界

　イタリアの**ガリレオ・ガリレイ**は望遠鏡を宇宙に向けた初期の科学者の一人

で，彼が17世紀に行なった天体観測の成果は，『星界の報告』（1610）などに記されている．自分で天体望遠鏡を製作し，それを宇宙に向け多くのことに気づいた．たとえば，凹凸がある月の表面の特徴，肉眼で見える恒星以外にも無数の恒星が存在すること，金星が満ち欠けして直径も変化すること，天の川が無数の恒星の集まりであること，黒点は太陽表面の現象であること，木星の周囲を回る4つの星の発見などである．ガリレオの望遠鏡は，凸レンズと凹レンズを用いた**屈折望遠鏡**で，**ガリレオ式望遠鏡**と呼ばれている．一方，同時代に**ヨハネス・ケプラー**は凸レンズと凸レンズの望遠鏡を考案しており，こちらはケプラー式と呼ばれている．現在，市場に出回っている屈折望遠鏡のほとんどがケプラー式を採用している．また，その後，イギリスの**アイザック・ニュートン**は，反射鏡を用いた**ニュートン式望遠鏡**を開発している（A10.1節）．

1.1.4　科学と技術の発展と天文学

　ニュートンが築き19世紀に発展した力学はいまでは「古典力学」とも呼ばれている．その後，電磁気学，熱力学，20世紀に入って量子力学や相対性理論など物質の世界を解明するための新しい物理学の手法が次々と整備されていった．しだいに，これらの物理学を用いて個々の天体や宇宙そのものを，人類は物理的に解明しようと試み始めた．これが天体物理学の始まりである．

　技術的にも，天体物理学を支える二つの大きな進歩が19世紀の末にあった．一つは写真の発明である．1850年頃には天体写真で天体の記録ができるようになった．彗星の記録や星図の作成など，それまでスケッチに頼っていた仕事が，より正確に記録できるようになり，天文学は天文現象の解明や新天体の発見という分野で一気に発展した．

　もう一つは，ニュートンが立証していた**分光学**が，天文学でも実用化されたことである．天体からの光を直接，写真乾板（乾板）に結像させるのではなく，その前に**プリズム**や**回折格子**（グレーティング）といった分光素子を配置した**分光器**を置く．**スペクトル**からは，天体からの光に含まれる化学組成を分析でき，天体の表面温度や，天体そのものの運動の様子も調べることができる（A7，A8節）．さらに，宇宙が膨張している事実も1929年に**エドウィン・ハッブル**の観測によって確認することができた．宇宙膨張は，宇宙がビッグバンで誕生した根拠

となっていった（8章）．

1.1.5 基礎科学研究成果の100年後

　20世紀に活躍した数多くの科学者のなかでも，**アルバート・アインシュタイン**ほど有名な人物はいないだろう．アインシュタインの発表した相対性理論は，量子力学と並んで宇宙の解明において重要な理論である．特に**一般相対性**理論は，宇宙は膨張しているという事実を理論的に予言するものであった．

　アインシュタインは1905年（奇跡の年とも呼ばれる）にブラウン運動，光量子仮説，運動物体の電気力学（特殊相対性理論）に関する3本の重要論文を発表した．ちなみに，アインシュタインが博士号を取得したのはブラウン運動の研究であり，ノーベル物理学賞を得た（1921）のは光量子仮説の研究に対してであった．アイシュタインのこの三つの発見はそれから一世紀後の現在，いずれも社会生活のなかで不可欠なものとして活用されているが，そのことを意識している人はほとんどいないだろう．ブラウン運動は，空気中のたばこの煙や水面に落ちた花粉の不規則な運動を表す．アインシュタインは，ある大きさの粒子がそれより小さな多数の粒子と衝突したとき，どのような運動をするのかを計算し，原子や分子によって煙の粒や花粉が不規則に忙しく動き回ることを証明した．これは，原子が現実に存在することの証明にほかならず，それだけでも貴重な研究成果だが，彼が使った不規則さを記述する数学と理論は，今日，不安定な株価の予測等の経済分野でも応用されている．

　一方，光量子仮説とは，電磁波として波の性質をもつ光が，粒子としての性質ももつことを明らかにするもので，ある状態下の金属に光子が飛び込むと，その光のエネルギーを金属面の電子が受け取り，電気のエネルギーに変換する**光電効果**について説明するものであった．20世紀終盤に写真フィルムのカメラに代わって普及した，電荷結合素子（**CCD**）を用いたCCDカメラ（デジタルカメラ）は光電効果の原理を応用したものである．相対性理論と天文学の関係については第8章を参照いただきたい．

1.2　天文学と科学リテラシー

1.2.1　みんなの天文学

　天文学者といえば，毎日天体望遠鏡で星を見ているイメージがあるが，実際にはコンピュータに向かったり，観測装置をつくったり，論文を書いたりすることに多くの時間を費やし，毎晩観測をしているわけではない．毎晩のように星空を見て新しい天体を発見しているのは，むしろアマチュア天文家と呼ばれる人々で，特に日本では古くから多くのアマチュア天文家が活躍してきた．そのなかには，彗星や超新星の発見など，重要な科学的貢献をなした人々もいる．太陽の黒点の継続観察，流星出現数の観測，惑星表面のスケッチ観測，彗星や小惑星，新星，超新星などの捜索観測，変光星の観測などでアマチュア天文家たちが重要な研究を行なっている．

　一方，宇宙の謎解きに挑んでいる世界中の職業天文学者はどのように宇宙の謎を解いているのだろうか？　天文学者はおもに，すべての波長にわたる電磁波・素粒子・重力波に適応するさまざまな種類の望遠鏡を使った観測天文学と，スーパーコンピュータや理論計算を用いた理論天文学というおもに2つの方法で答えを探そうとしている．しかし，宇宙から得られる情報はしだいに多様化し，天文学は，物理学，数学，地球惑星科学など従来から密接な関わりを持っていた学問分野に加えて，化学，生物学，計算機科学，統計学など幅広い分野の研究者の参入や協力がこれまで以上に望まれる総合科学となっている．

　さらに，小惑星探査を行った「はやぶさ探査機」の2010年の奇跡的な帰還と後継機「はやぶさ2探査機」の活躍，また2019年のブラックホール周囲の撮像成功などで見られたように，天文学は一般社会の多くの人々から関心と期待を寄せられている．このようにさまざまな人々に支えられた「みんなの科学」として天文学が今後も発展していくことを願いたい．

1.2.2　日常生活の中の天文学

　宇宙の解明においては，理解が進めば進むほど新たな謎が次々と誕生する．宇

宙の謎を解く学問として天文学はもっとも古い学問であり7千年も前に始まったといわれている．星を観察して星の動きを知ることは，暦の作成や，時刻，方角，自分のいる位置（緯度，経度）を知ることなどに利用され，文明の発祥とともにどこでも必要とされる基礎知識となった．その一方，宇宙は古くから人類の知的好奇心を刺激する対象でもあった．天文学を「科学のなかの哲学」だと称する人もいる．また現代社会では，癒やしの効果を期待して実際の星空やプラネタリウムを純粋に楽しむ人も増えつつある．

現代社会においても，星・宇宙は日常生活と密接に結びついた世界である．それはたとえば，昼と夜があるのは地球が自転しているからであり，季節があるのは，地球が自転軸を傾けつつ1年かけて太陽の周りを公転するからである（II-2章）．また，太陽，地球，月が特別な配列に並んだときに起きる**日食**と**月食**，または**流星群**，大彗星の出現などは多くの人たちが注目する天文現象である．そして，日本では毎年のように七夕や中秋の名月などが全国各地で年中行事として行われている．このように，天文学は日常生活に近い科学への興味・関心の入り口でもある．

さらに，太陽の光は，地球上のほとんどの生物にとって不可欠であるばかりか，**宇宙天気**予報は宇宙に人が滞在する今日の社会において必要不可欠な予報システムである．月と太陽の重力によって引き起こされる潮の満ち干，天体観測の結果に基づいて調整される「うるう秒」なども日常生活の中の天文学の一例といえよう．

1.2.3 天文学で見る社会の未来

1.2.1節で述べたように，天文学は多くの関連分野と連携する総合科学となってきている．いわゆる理系の学問分野だけでなく，世界観・宇宙観の醸成を通じて文系の学問分野とのつながりもある．ここでは天文学の観点から，地球と人類社会の未来に思いをはせてみよう．人間の体はさまざまな元素からできている．水素は138億年前の**ビックバン**によってでき，体のおもな成分である炭素や酸素や窒素などは，かつて**天の川銀河**のなかで輝いていた恒星の内部で作られたものだ．だから元素レベルで考えると私たちは「星の子」とも言える（4章）．そして体にはほとんど含まれてはいないが，人類の文明社会には不可欠な銅や金，銀

やウランなどの物質もかつての天体現象で作られたと考えられている（10章）．このように宇宙を知ることは自分の究極のルーツを知ることにほかならない．

　元素レベルで見れば自分自身が，かつては星であったことを知ることは「人間は何処から来たか」すなわち自分とは何か？という問いへの回答にもなる．また，宇宙では循環と進化という2つのプロセスの組み合わせが重要だが，循環と進化は地球というシステムにとっても欠かせざるプロセスである．たとえば，水の循環，大気の進化（かつて地球大気で生じた酸素の増加など），諸元素の循環，生態系の循環と進化，大陸移動と海流の循環などを理解することは21世紀に生きる私たちに必要不可欠な科学リテラシーとなっている．

　コペルニクスやそれに続くガリレオたちによる天動説から地動説へのパラダイムシフトは，学術面のみならず，人の考え方・生き方にも影響を与えた．その後もアインシュタインの相対性理論，膨張宇宙の発見とビッグバン宇宙論，宇宙の加速膨張の発見など天文学のパラダイムシフトは多い．今後アストロバイオロジー（宇宙生物学）の発展により，地球外生命体が発見されれば社会に大きな影響を与えることは間違いない．また，**ダークマター**と**ダークエネルギー**の正体が明らかになればこれも間違いなく物理学の根底を揺るがすことになろう．天文学は今後いくつものパラダイムシフトの可能性をはらんでいる．

　一方，**アポロ計画**によって地球全体の姿が撮影された1960年代以降半世紀近く，地域紛争やテロは続いているが，第1次，第2次世界大戦のような地球規模の戦争は起こっていない．宇宙から地球を見るとそこには国境などどこにもないことや地球全体が一つの運命共同体であることの理解は，このように宇宙を知ることからその一歩が始まっている．

1.2.4　天文学が育むユニバーサルな視座

　ボイジャー1号は1977年に打ち上げられた太陽系探査機である．プロジェクト・リーダーの**カール・セーガン**は1990年にボイジャー1号からの最後の写真として，振り返って太陽系天体を撮影させた．それは地球から60億kmかなた，冥王星の距離からだった．そのうちの一枚，太陽からの光筋上のこのかすかな青い1点が地球で，この画像は**ペイルブルードット**と呼ばれている（図1.4）．人類が撮影したもっとも遠くからの自撮り（セルフィー）である．この1点に現在では

図1.4 ペイルブルードット（○の中の点）（NASA/JPL-Caltech）

78億人の人間と数えきれない数の動植物が存在している．これが私たちのふるさとだという実感を得ることが，天文教育の究極の目的なのかもしれない．宇宙から地球を見るこのようなユニバーサルな視点（宇宙的な視点・視座）は，子孫に現在の地球環境を残すために私たちが地球市民として結束することの必要性を教えてくれる．

　世界的な動きとして，**国際天文学連合（IAU）**では，社会学や人文科学とも結びつきを持つ天文学を総合科学と定義して，社会発展に役立てる活動を行っている（コラム「トピック」参照）．大学教育においても，総合科学として，また必要不可欠な教養（および科学リテラシー）として天文学が人間形成に役立つことが期待される．

■ トピック

国際天文学連合（IAU）

　国際天文学連合（International Astronomical Union：IAU）は，世界の天文学者で構成されている国際組織．1919年に設立され，2019年には設立100周年を迎えた．2021年現在85か国が加盟し，登録されている個人会員は約13,600名の国際学会である．日本は設立提案国であり，最初に正式加盟した7か国（日本，ベルギー，ギリシャ，フランス，イギリス，米国，カナダ）の一つで，日本学術会議IAU分科会が国内組織として日本天文学会等と協力して，IAU活動を推進している．現在，日本は，IAUに登録されている個人会員数で米国，フランス，中国に次ぎ第4位となっている．

　日本でIAUが有名になったのは，2006年プラハ総会における冥王星の決議であろう．海王星の外側で，多数の太陽系外縁天体が発見された結果，冥王星はその一つであって，惑星ではなく準惑星とされた．惑星の数が9つから8つ

に減ったため，世界各国で教科書の書き換えなど大きな影響が生じた出来事だった.

　日本はまた，2012年に IAU の常設活動オフィス OAO（Office for Astronomy Outreach：国際普及室）を国立天文台に招聘し，IAU と協力することによって世界的な天文の普及活動やアマチュア天文家の組織に貢献しようと活動している．これには，日本におけるアマチュア天文家の活躍やプラネタリウムや公開天文台における活発な天文普及という背景があった.

　天文学者のための組織として設立された IAU は，創設100年を機に，天文学の発展や天文学的知識の普及のみならず，すべての国で天文学がインクルーシブ（誰も排除することなく）に発展すること，すべての国で社会発展のための手段となること，研究者のみならず一般市民の天文学への関与を促進すること，さらには，学校教育レベルで天文学が教育に利用されることを促進している．SDGs への積極的な関与も含め，特に，外交としての天文学も重視している点が天文学の特徴といえることだろう（https://www.iau.org/）.

章末問題

1. パラダイムシフトとは，コペルニクスの地動説のように，当時は当然のことと考えられていた認識や思想，社会全体の価値観などが革命的にもしくは劇的に変化することをいう．パラダイムシフトの他の例をできるだけたくさん挙げて，それぞれが後世に与えた影響について考えてみよう．また，次に起こる大きなパラダイムシフトは何かを予想してみよう.

2. 未確認飛行物体（UFO）が，地球外知的生命体（宇宙人）の乗り物ではないことを証明する方法についてグループで議論してみよう．賛成派，反対派に分かれてディベートを行うのもよいだろう.

第2章

学び直しの天文学

　本章では，天文学のはじめの一歩として知っておいてほしいことを記した．中学校での天文単元の学び直しも含まれるので，初心者の方も気軽に一読してほしい．小学校や中学校の理科の学びにおいて，当時は不完全燃焼であった星や宇宙の理解について，今ここで読み返してみると納得がいく場合がきっとあることだろう．それは取りも直さず，諸経験を経て知の統合化が当時より皆さんの頭の中で進んでいることに他ならない．なおいくつかの基本事項については「付録」に少し詳しく説明した．

2.1　地球の自転と公転

　宇宙は広大であり，地球から天体までの距離はとても遠く，見かけ上ではその遠近は分からない．観測者（自分）を中心として天体がそこに張り付いているかのように見える仮想的な球面を**天球**という．天球を用いて太陽などの天体の動きを表してみよう．

2.1.1　自転と日周運動

　太陽の天球上での動きを記録しよう．学校教育では透明半球が天球を代用するものとして太陽の動きを記録するのに用いられている．日本のような北半球の場所から太陽の一日の動きを観察すると，季節を問わず，東の地平線から昇り，南の空を通り，西の地平線に沈む．太陽が真南を通過することを**南中**と呼ぶ[1]．このときの高度が**南中高度**である（ちなみに南半球では太陽は，東の地平線から昇り，（南ではなく）北の空を通り，西の地平線に沈む．この場合は北中であり，

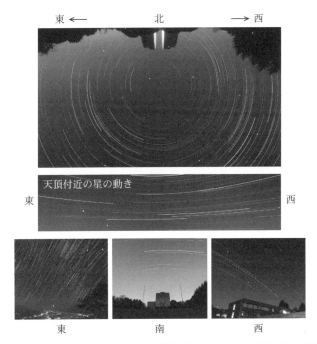

図2.1　日周運動（下段左の写真：有馬博氏提供，その他は国立天文台提供）

北中高度となる）.

　太陽のみならず，時間をおいて観察してみると月も惑星も恒星もみな，東から西に同じ規則性を持って移動していく．その動きの参考となるように，北天，東天，南天，西天のそれぞれの星の動きを図2.1に示そう．これらの動きは**日周運動**と呼ばれるが，これは地球が地軸を軸に西から東に自転しているからその反映で天球が東が西に回転しているように見える．

●例題（日周運動）

　春分の日と秋分の日の太陽の動きを，北極点および赤道上と南緯35°の場所から見るとどのようにみえるか？

1）太陽以外の天体でも子午線を通過する際を正中と呼び，太陽と同様に天頂より南側の子午線通過は南中と呼ぶ場合もある．

答え 北極点では太陽は一日中沈まず，地平線上を一周する．赤道上では真東から昇り真上を通過し，真西に沈む．南緯35°から観察すると，真東から昇り，北天を南中高度55°で通過し，真西に沈む．

2.1.2 公転と年周運動・季節の変化

次に一年間を通じて，太陽の南中高度がどう変化するかを調べてみよう．透明半球に春分，夏至，秋分，冬至の各日の太陽の通り道を記録すると図2.2のようになる．このように春分と秋分には真東の地平線から太陽が昇り，真西に沈むことが分かる．太陽の通り道は，春分では天の赤道と一致するが，春分を過ぎると北に移動し，夏至を境に南に向かい，秋分に再び天の赤道と一致してさらに南に移動し，冬至を境に再び北向きに転じて春分に戻る．これに伴い，春分・秋分に比べて，太陽が出ている時間は夏は長く冬は短く，また南中高度は夏が高く冬は低いことが図から理解できる．

一年間の周期で変化するこのような現象は，地球の公転運動によって生じている．夜間にその季節に見える星座を観察してみると，春夏秋冬で見える星座が移り変わっていくことが分かる．実際に観察したことがない人でも，星占いに登場する黄道上の12個の星座は知っているだろう．黄道とは天球上での太陽の通り道のことであり，太陽は一年かけて星占いでいうところの12の星座（占星術では黄道を12等分した**黄道十二宮**が使われている）の間を移動していく．1年の周期で

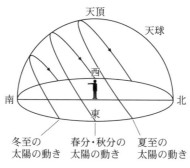

図2.2　1年間での太陽の動きの違い

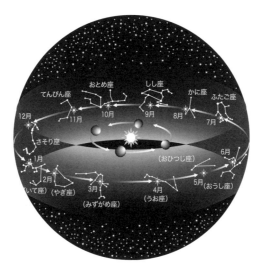

図2.3　地球の公転と 1 年間で星座をめぐる太陽の見かけの動き

　変わっていく季節の星座を図2.3に示す．季節によって見える星座（太陽の反対側にある星座）が変わることや太陽の南中高度の変化は，地球の公転によって生じる変化であり，これを**年周運動**と呼ぶ．

　地球の公転によって季節が生じるという理解は間違いではない．ただし，それでは必要十分とはいえない．もし，地球の地軸が地球の公転面に対してつねに垂直で，現在のように傾いていないと想像してみよう（実際，木星のように地軸がほとんど傾いていない天体もある）．地球に対しての太陽の光の当たり方はつねに同じで，公転しても**季節の変化**が生じないことに気づくことだろう．地球が地軸を約23.4°傾けながら公転しているために，太陽の南中高度と昼間の長さが周期的に変わることが季節変化のおもな原因である．

■ やってみよう

簡単な角度の測り方

　地平線から星までの高さや，星と星の間の見かけの距離を簡便に測るには，自分の体を分度器代わりに使うとよい（A1節参照）．腕を前に伸ばしこぶしの

大きさや指の厚みで角度を表すことができる．こぶしの下の面を目の高さに合わせよう（これを眼高という）．眼高を目から延長した先が地平線に相当する．こぶしを左手，右手と順に重ねていくと，こぶし９つ分でほぼ真上を向く．つまり，分度器90度分をこぶし９つで示せたので，この場合，こぶし一つが10度の角度を示している．たとえば，北極星の高さは観測地の緯度に等しい．仮に北極点にいれば，真上すなわち高度90度．赤道上だと地平線上すなわち０度．北緯35度にいれば，北極星はこぶし３つ半の高さの星なので，北極星を探す場合に利用できる．もし，旅行先で自分のいる場所の北緯を知りたければ，北極星の高さを測ればよい．

2.2　月の満ち欠け

　小学校６年で習う月の満ち欠けは，以前，全国の小学校教諭へのアンケートでもっとも指導が難しい単元とされたこともある．ここではその理解が十分かを確認しよう．教科書や図鑑には図2.4のような説明図が記載されている．この図から理解しようとすると，三日月，半月までは良いが，満月の位置で多くの児童が混乱してしまう．太陽の光を受けた部分が光って見えるのだから，この位置だと地球の影に入って光らないはずなので矛盾が生じるのだ．このため，大学生に月の満ち欠けの理由を聞いてみると，もっとも多い答えが「地球の影に入ることで満ち欠けが起こる」となっている．教師や親の中には納得せずにただ覚えればよいと逃避しがちな人もいるが，それでは理科の授業，ひいては科学リテラシーの習得にはならない．まじめで理性のある子どもほど，この月の満ち欠け単元で天文嫌いや理科嫌いを生み出している可能性がある．

　実際には，この図のように月は地球のすぐそばにあるのではなく，約38万 kmも離れており，本の中で正しいスケールで描くことは困難である．しかも，宇宙は紙面のように２次元ではなく３次元空間であり，地球サイズの約1/4の直径の月が，地球30個分離れたところで太陽の光を受け取っている．図2.5に示すように，月の軌道面（天球上では白道）は，地球の軌道面（天球上では黄道）に対して約５°傾いている．このため太陽と地球と月の並ぶ方向が一直線にそろうとき

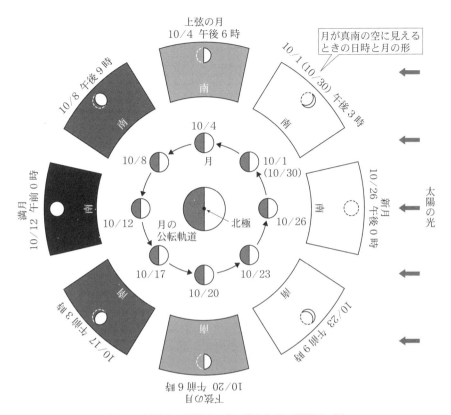

図2.4　教科書に登場する月の満ち欠けの説明図の例

（満月や新月）でも，月が地球の軌道面の上下にあって影がそれれば日食や月食は起こらない．図2.5のイメージが頭に入れば，満月のときに必ず月食（また新月のときに必ず日食）が起こるのではなく，かつ，地球の影に入ることで月の満ち欠けが起こるのではないことを理解できるのではないだろうか．

　ちなみに，アニメ等ではよくセーラームーンに登場するほとんどリングのような三日月が描かれるが，丸い月が太陽光を反射して輝く際，このような形にはならない．月の満ち欠けの学習の最後に，試しに児童に三日月を描いてもらおう．その図のできで月の満ち欠けを理解しているかが判別できることだろう．

　モデル実験と教科書のイラストのみでの指導では，月の満ち欠けの理解は難しい．月は都会からでも観察可能なので，実際に複数晩に渡って観察することをお

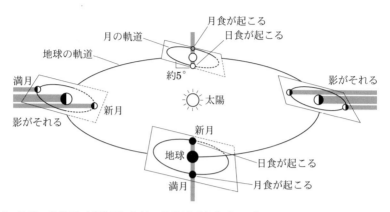

図2.5 地球の軌道面（黄道面）と月の軌道面（白道面）は約5°傾いている．太陽と地球と月の並ぶ方向が一直線（満月や新月）となっても，月が地球の軌道面の上下にあれば影がそれて日食や月食は起こらない．図では地球の軌道半径と月の軌道半径，および太陽，地球，月の大きさの縮尺が統一されていないので，影の太さが極端に誇張されている（影の詳細は図2.6を参照）．

勧めする．月は毎日，その形を変えていく．三日月，上弦，満月，下弦，そして新月と，そのサイクルは約29.5日．この周期を一**朔望月**と呼ぶ．太陰太陽暦や太陰暦では，新月を含む日をその月のついたちとする．一方，月齢は，新月となる瞬間を**月齢**＝0.0とするため，新月を迎える時刻にもよるが，その日の呼び名と月齢がずれることが多々ある．たとえば，三日月というと月齢3.0前後の月と思いがちだが，ついたちの2日後となる三日目の月なので月齢2.0前後の場合も多い．このように満月（月齢15の月）も十五夜の月とは限らない．このため中秋の名月（十五夜）が月齢15の月になるとは限らない．

　日本では月の形によってそれぞれ呼び名がある．十五夜の翌晩から順に，十六夜，立ち待ち月，居待ち月，寝待ち月と呼ぶ．これは月を愛でようという際に，東の空から月が昇ってくる時刻が日々次第に遅くなっていくことを示している．日本の伝統としては，旧暦の中秋の名月の晩のお月見の他，ほぼ一か月後の十三夜を後の月と呼んでお月見する風習がある．

2.3　日食と月食

　太陽–月–地球の順で 3 つの天体が一直線に並ぶことによって生じる天文現象が
日食だ．このため新月のときにしか日食は起こらない．日食の瞬間，地球から約
1 億 5 千万キロ離れた太陽と，同じく地球から約38万キロ離れた月と，地球，そ
してその上にいる観測者の四者が，広大な宇宙空間上で一直線に並ぶ．図2.5に
示したように白道と黄道は傾いているので，新月や満月のたびに必ず日食や月食
が起こるわけではない．

　月が地球の直径の1/4程度と衛星としては異様に大きいのは，火星サイズの原
始惑星が地球にぶつかって飛び散ってできたためと考えられている．このため月
は，できた当時は地球にずっと近かった．その後，少しずつだが，月は地球から
離れている．つまり，長い時間スケールで考えると，太陽が月を完全に覆い隠す
皆既日食は頻度が減り，細いリングとなって見える金環日食の割合が増す．そし
てさらに時間が経つと，皆既日食は生じなくなってしまうであろう．

　突然，月が太陽を覆い隠してしまう皆既日食．日食の予報ができなかった古代
の人びとにとって，それは世界の終焉をも思わせる恐ろしい出来事だったことだ
ろう．また，日食を見ると，その荘厳な宇宙の神秘に対し，見た人の人生観が変
わるともいわれる．子どもの頃，日食を見てその不思議さから宇宙飛行士や天文
学者を目指すようになったという人もいる．

　理科の教材としても日食は貴重な天文現象である．しかし，日食の観察にはと
ても注意が必要だ．必ず専用の日食グラスを使って観察することが重要である．
皆既日食の皆既中は満月の晩程度の明るさになるため，このときだけ裸眼で日食
を見ることになるが，皆既の状態以外，また部分日食や金環日食でも必ず日食グ
ラスを使う．サングラス，黒い下敷き，黒いビニール袋，カラーフィルム，カメ
ラ用減光フィルターなどもきわめて危険だ．太陽光に含まれている目に見えない
赤外線はこれらを通過してしまう．また，日食グラスを着用していても長時間見
続けると，網膜を傷つける可能性があり注意が必要だ．過去の日食でも，危険な
方法で観察したため網膜をやけどしたり失明したりした例が多数報告されてい
る．特に小学生や中学生の事故が多い．日食に際しては失明者を出さないよう，

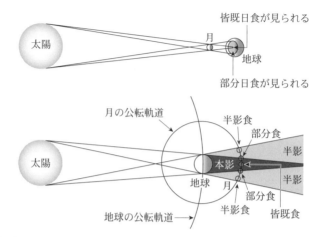

皆既日食が見られる
太陽
月
地球
部分日食が見られる

月の公転軌道
半影食
部分食
半影
太陽
本影
半影
地球
月
部分食
半影食 皆既食
地球の公転軌道

図2.6　日食（上図）と月食（下図）. 月食の半影食はほんのわずかに暗くなるのみで気づかないことが多い.

図2.7　皆既日食（左図）と金環日食（右図）

学校での事前指導が不可欠である.

　安全な観察方法としては, 紙に直径数ミリの穴を空け, 欠けた太陽の形を壁などに映し出す方法（ピンホールカメラの原理）が, たくさんの人が一緒に観察できてお勧めである. 木漏れ日は葉っぱ同士の隙間が作る天然のピンホールカメラとなる.

　一方, 太陽−地球−月の順で一直線に並ぶことによって生じる天文現象が月食で

ある．特定の場所でしか見られない日食と違って月食は，月が見える場所なら地球上のどこからも見え，皆既食の継続時間は最大 1 時間40分以上にも達することがある．地球全体でみると月食が起こる頻度は，年平均約1.4回で，日食の年平均約2.2回よりも少ない．

　皆既食の最中，月は完全に真っ暗にはならず，微かな赤銅色に見える．これは地球大気によって屈折・散乱された太陽光が，地球の本影中に入り込むことが原因である．夕日や夕焼けが赤いのと同じ理由で，地球大気を通過し月面に届く光は，可視光のなかでも波長の長い光，すなわちオレンジから赤い光のため赤銅色に見える．地球大気中での屈折や散乱は，大気中の塵などによって影響を受けるため，皆既食中の月の色や明るさは月食の度毎に微妙に異なる．大規模な火山噴火などがあると，地球大気をすり抜ける太陽光が減って，とても暗い皆既食になることが知られている．

2.4　金星の満ち欠け

　宵の明星，そして明けの明星と呼ばれる金星はもっとも地球に近い惑星で，地球からはその分厚い大気で表面の様子を見ることができない．厚い雲は太陽光を反射し，マイナス 4 等級という一等星の100倍もの明るさで輝く．金星は，水星同様，地球よりも太陽に近い場所で公転している．水星，金星を内惑星，火星以降の惑星を外惑星と区別する．内惑星は地球から見ると太陽の近く，すなわち，夕方，太陽が沈んだ後の西の空，または，朝方，太陽が昇る前の東の空のどちらかにしか見ることはできない．真夜中に金星が見えることはない．図2.8の③と⑥の位置で金星は，見かけ上もっとも太陽から離れた位置となる．内惑星の場合，③のときを東方最大離角と呼ぶ．西の空なのに東方と呼ぶのは，地球から見て太陽からもっとも東側にいるという意味である．一方，⑥の位置を西方最大離角と呼ぶ．このとき，天体望遠鏡で見ると半月状に見える．地球に一番近づく際を内合，もっとも遠ざかる際を外合と呼び，内合に近づくにつれて内惑星は三日月形に姿を変えていくと同時に視直径が大きくなる．肉眼ではこの変化はわからないため，天体望遠鏡でその変化を記録してみてほしい．

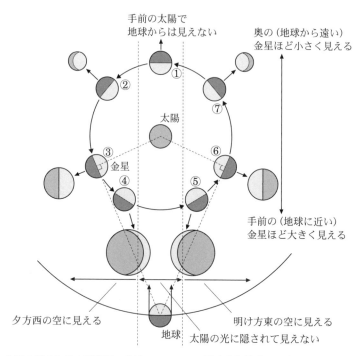

図2.8 金星の満ち欠けの説明図．番号のついている図は公転軌道上の金星の位置，矢印で示す
その外側の図は地球から見た天球上の金星の形を示している．

2.5 実践例

2.5.1 組み立て式天体望遠鏡キットで惑星を観察

　都会でも，ビルの陰を避ければ，明るい恒星と月や惑星を確認することができる．月は満ち欠けの変化など肉眼のみでもある程度は楽しめるし，夏の大三角のような季節ごとの明るい星の並びも見つけることができる．惑星は簡単に見つけられる明るさとはいえ，どんなに目を凝らしても点にしか見えない．ここは「国立天文台望遠鏡キット」（QR コード）のような小型で扱いやすい天体望遠鏡キットの出番．このキットに限らず，誰

もが気軽に扱える天体望遠鏡が国内で流通している．ただし，倍率の高さばかりをアピールするような，性能が不十分な望遠鏡も出回っているので，購入を検討する際には注意が必要だ（天体望遠鏡の性能を決めるのは倍率ではない）．特に小中高での理科教育においては，学校で放課後に児童・生徒を残して夜間の観望会を実施することは簡単ではなく，理科教師誰でもが可能な指導方法として，組み立て式天体望遠鏡キットと三脚を自宅に持ち帰り，家庭にて観察する実習を取り入れてみてはいかがだろうか．

2.5.2　4次元デジタル宇宙ビュア Mitaka を使ってみよう！

　Mitaka は，観測と理論モデルに基づいた最新の宇宙像をインタラクティブに操作して見ることができるソフトウェアの一つで，**国立天文台**より無料で頒布されている．宇宙の各階層のさまざまな天体を自由に行き来し，見ることができるため，教育現場で利用価値の高い天文教育ツールの一つとなっている．

　Mitaka を使うには，

①　ネット上にて Mitaka で検索する（QR コード）.

②　Mitaka のサイトで最新バージョンのソフトウェアをダウンロードする.

③　ダウンロードしたファイルを解凍する．この際，解凍場所はどこでもよい．インストールは不要.

④　解凍したファイルの中に，「mitaka_manual_J」という PDF ファイルがある．これが使い方の説明書でチュートリアル形式になっているので，読んで

操作方法を理解する.

⑤ 解凍したファイルの中から,「mitaka.exe」をダブルクリックし,プログラ
ムをスタートする.

　Mitaka は,観測地を「緯度経度の変更」で自分のいる学校や科学館等に変更
が可能である.また,マルチランゲージ対応しており,言語の変換も可能.キー
ボード,マウスでの操作の他,USB 接続のゲームパッドで操作することもでき
る.地球の自転・公転から宇宙の大規模構造の理解まで,アイデア次第で多様な
教育利用が可能である.

　なお,Mitaka 以外にも同様の機能を持つフリーソフトウェアとして,stellar-
ium：https://stellarium.org/ja/ などもある.現在は使いやすいさまざまな天文
ソフトウェアが出回っているので,目的に応じて使いこなしてみよう.

章末問題

　日食や月食の予報や流星群の出現予測,天体観察を行おうとした日の月齢
や各惑星の位置や明るさなどの天文情報はどうやって調べればよいか？　思
いつく限り挙げてみよう.

第**3**章

天文学の手法とその発展

　宇宙に輝く多彩な天体は実験の対象にはできない．その研究手段は，天体から届く信号を受け取って分析する受動的な天文観測である．近年多種類の信号を総合的に分析する**マルチメッセンジャー天文学**が興ってきたが，天体から届く光（電磁波）を望遠鏡で集めて測定器で分析することは天文学の基本的な研究手段である．天文観測から得られる情報は，天体がどこにいるか，どれだけ明るく見えるか，どのような色やスペクトルをもつか，などである．

　天文学は物理学，化学，数学，統計学，データサイエンスなど幅広い理学の分野の手法を駆使し，宇宙や太陽系の始まりと行く末および我々が暮らす宇宙そのものを扱うことから生物学，地質学，地球物理学，環境学などとの関連も深い．天文学の観測装置には，はるかかなたから届くわずかな光を効率的に捉えるためのさまざまな工夫がなされており，そこには最先端の工学技術が使われている．

3.1　天文学で用いられる望遠鏡

　天文観測に必要な装置は天体からの電磁波を集める天体望遠鏡と集めた電磁波を検出する観測装置（検出器）である．もともとは「望遠鏡」とはその言葉のとおり，遠方物体を拡大し人間の目で拡大観察するための装置のことを指していた．その中で天体を見ることに特化したものを天体望遠鏡と呼ぶようになった．天文学分野では望遠鏡といえば天体望遠鏡を指し，遠方天体の放つ可視光のみならず，電波からガンマ線に至るあらゆる波長域の電磁波を集光してとらえる装置を広く望遠鏡と呼ぶ．ニュートリノなどの粒子線，重力波をとらえる装置のことも望遠鏡と呼ぶことがある．天文学の分野では地上望遠鏡といえば「地上に置か

れた天体望遠鏡」を指す.

　望遠鏡と観測装置にはさまざまな工夫がなされている. それは一般に, 感度を高める, **空間分解能**, **波長分解能**, **時間分解能**の三つの**分解能**を高める, そして**視野**を広めるためである. 観測装置から生み出されるデータを解析・保存するデータ解析システムも不可欠のものである. この章では望遠鏡の基本性能と異なる波長で観測するさまざまな望遠鏡について述べる. なお, 望遠鏡とその架台形式については A10.1 節および A10.2 節も参照されたい.

3.1.1　集光力と空間分解能

　「望遠鏡」の役割は, 天体から届く電磁波を集めることである. より多くの電磁波を集めるためには, 望遠鏡の口径を大きくすれば良い. 天体からの電磁波を「雨」, 望遠鏡を「受け皿」にたとえれば, より多くの雨を集めるためには, 受け皿の面積を大きくすれば良いことがすぐに分かるだろう. 受け皿の面積はその直径の 2 乗に比例する. つまり, 望遠鏡の光を集める能力（集光力）は, 口径の 2 乗に比例する. たとえば人間の目の瞳孔の大きさはおよそ 6 mm ほどであるため, 口径 6 cm の望遠鏡では（6 cm）^{2}/（6 mm）^{2}で 100 倍の光を集められる. 同じように, 口径 10 cm の望遠鏡と, 口径 10 m の望遠鏡では, その集光力の違いは, （10 m）^{2}/（10 cm）^{2}で, 1 万倍となる. この違いを単純に計算すると, 口径 10 m の望遠鏡が 1 分の露光時間で得る天体の光を集めるために, 口径 10 cm の望遠鏡では, 10000 分（約 167 時間≒約 1 週間）の露光時間が必要になる.

　望遠鏡のもう一つの役割は, 天体の姿を鮮明にとらえることである. この能力を**空間分解能**（または, **角分解能**）とよぶ. 空間的にどれくらい細かな構造を識別できるかを表す空間分解能の値が高いと, 天体のより細かい構造まで調べることが可能となる. ガリレイは,「土星には耳がある」という観測記録を残しているが, これは, 彼の望遠鏡では空間分解能が低かったために, 土星の環が耳のように見えたことを物語っている.

　望遠鏡の空間分解能は, 近接した 2 つの点を 2 つの点と認識できる角度 θ（**回折限界**）を用いて,

$$\theta \sim 1.22\lambda/D \,（ラジアン）\sim 2.5 \times 10^5 \lambda/D \,（秒） \tag{3.1}$$

で表される。ここで λ は観測波長，D は天体望遠鏡の口径である（当然両者は同じ単位で表さなければならない）。観測する波長が同じであれば，天体望遠鏡の口径が大きいほど，高い集光力と同時に高い空間分解能を持つことになる。また，必要な空間分解能を決めた場合は，観測波長が長くなるほど口径を大きくする必要があることが分かる。

　回折限界は望遠鏡の分解能の理論的な最小値であるが，地上望遠鏡の実際の分解能は，後述するように，大気のゆらぎによる像のぼやけ（**シーイング**）と回折限界の兼ね合いによって決まる（II-3.1.6節）。

3.1.2　可視光・赤外線の地上望遠鏡

　17世紀初めに発明された望遠鏡はレンズによって光を集める屈折式であったが，大型レンズの製作は技術的に難しく，20世紀以降，研究に用いられる可視光の望遠鏡は大口径を目指して反射式が主流となった（A10節参照）。はじめて日本に設置された 1 m 級の望遠鏡は1960年に完成した**国立天文台**（旧東京大学東京天文台）岡山天体物理観測所の188 cm 反射望遠鏡である。これは英国製であったが，当時は世界第 7 位の口径を誇り「東洋一の望遠鏡」と呼ばれていた。その後，**すばる望遠鏡**の完成まで，日本の望遠鏡[1] としては40年近く口径 2 m 以上の望遠鏡は登場しなかった。

　1990年代後半に，アメリカとチリに建設された 2 台の1.3 m 望遠鏡で，世界で初めて近赤外線波長域における全天探査観測プロジェクト（**2MASS**）が実施された。莫大な数の赤外線点源と広がった**赤外線源**が検出された。 5 億弱の星を含む点源カタログと約160万もの銀河などの広がった赤外線源カタログなどの膨大なカタログが作られ，現在でも数々の研究に活用される偉大な業績を残した。

　光学望遠鏡の集光には，ガラス材でできた厚みのある円盤の片面を研磨してアルミなどを**蒸着**させた反射鏡が使用される。しかし，このような反射鏡は重量が

1）現在日本では，複数の大学に 1 m 級の望遠鏡がある。大学が国内外に所有する中小口径望遠鏡と可視・赤外線の多波長かつ測光・分光・偏光の多手法で連携することによって，これまで未開拓であった**ガンマ線バースト**や**超新星爆発**のように時間変動する天体現象を研究する**時間領域天文学**も開拓されつつある。天体の光度や温度などの変化を時間軸に沿って調べることにより，その天体で起きている物理メカニズムについて知ることができる。

図3.1　国立天文台すばる望遠鏡

あるため，望遠鏡の向きが変わるにつれて，反射鏡が傾く，もしくは形状が歪むことで光を集める位置（**焦点**）がずれてしまう．中・大口径の可視光の望遠鏡では，小さな鏡を組み合わせる**分割鏡**，反射鏡のガラス円板内部を蜂の巣状に空洞化させた**ハニカム鏡**，非常に薄い鏡をアクチュエーターで支える**能動光学**[2]などの技術によって軽量化が図られている．また反射鏡を保持する鏡筒もトラス構造[3]などによって軽量化されている．

　1993年，1996年に，ハワイのマウナケア天文台に36枚の分割鏡からなる口径10mの**ケック望遠鏡**（ケックⅠおよびケックⅡ）が完成し，可視光・赤外の観測は10m級望遠鏡の時代を迎えた．20世紀末から21世紀初頭にかけて，世界中で口径8-10mの天体望遠鏡が次々に動き出し，日本も1999年にハワイのマウナケア天文台に口径8.2mの能動光学方式のすばる望遠鏡を完成させた（図3.1）．現在，世界中で稼働している8-10m級の地上望遠鏡は十数台に及ぶが，**ヨーロッパ南天天文台**（ESO）の**VLT**（Very Large Telescope）（8m×4台）や**アメリカ国立光学天文台ジェミニ望遠鏡**（8m）などにも，同様の能動光学が使用されている．（A10.3節も参照）

2）すばる望遠鏡の主鏡（質量20トン）は261本のアクチュエーターと呼ばれる支持装置で支えられており，それぞれがコンピュータからの指示を受けて平均約100kg重の支持力を1g重（1円玉に働く重力）の精度（10^{-5}）で制御できる．このアクチュエーターの支持力の調整で望遠鏡の姿勢によって歪む主鏡の形状を補正する．この制御方式を能動光学と呼ぶ（図3.5）．
3）棒状の梁を部材として構成される三角形を単位とした骨組構造．荷重がかかっても各部材には軸方向に圧縮力か引張力しか発生せず，全体として曲がりにくい．

3.1.3 赤外線の宇宙望遠鏡

すばる望遠鏡でも近赤外・中間赤外での観測が可能であるが、地上での観測が難しい波長、特に中間赤外から遠赤外線の観測では、宇宙望遠鏡が用いられる。その先駆的な存在が、アメリカ・オランダ・イギリスが共同開発し1983年にNASAによって打ち上げられた **IRAS 衛星**である。口径約60 cmの望遠鏡で、波長12、25、60、100 μm の4つの波長帯で全天探査し、20万個以上の赤外線天体カタログを作成し、彗星の**ダストトレイル**や**原始星・デブリ円盤**から遠方銀河までさまざまな天体の姿を明らかにするなど、赤外線天文学が花開くきっかけともなった。その後、**ヨーロッパ宇宙機関**（ESA）が中心となって開発した ISO 衛星や、NASA が打ち上げた**スピッツァー宇宙望遠鏡**[4]、日本のあかり衛星など、近〜遠赤外線の観測は飛躍的に進んだ。スピッツァー望遠鏡は、従来の赤外線望遠鏡を凌駕する感度を有しており、太陽系外惑星の第二の食（惑星由来の光成分の減光）を初めて検出するなど、さまざまな見えない宇宙を明らかにした。

赤外線観測では、装置そのものが赤外線の放射源となるため、液体窒素や液体ヘリウムなどを使って観測装置自身を極低温まで冷やす必要がある。宇宙望遠鏡では、この液体ヘリウムが枯渇すると、特に遠赤外線での観測が終了となる。ところが、これら冷却剤を搭載するためには大きな重量の真空容器が必要となるため、赤外線望遠鏡の大口径化を阻む大きな問題となっていた。

ESA によって2009年に打ち上げられた口径3.5 m の**ハーシェル宇宙望遠鏡**では、宇宙空間での放射冷却によって望遠鏡を数10 K まで冷却することで冷却剤の重量を減らし、望遠鏡そのものを大口径化することが試みられた。**ハーシェル宇宙天文台**は、分子雲を含む星間ガス・塵の詳細な分布から遠方銀河の姿まで、特に遠赤外線（**サブミリ波**）の観測で目覚ましい成果を挙げている。これはちょうど**アルマ望遠鏡**（II-3.1.6節）が動きだし、連携した観測が進められたことも大きい。一方、同じ2009年に NASA が打ち上げた **WISE 衛星**は、口径は1 m に

4）望遠鏡の名前は、1940年代に宇宙望遠鏡の提案を初めて行い、星間物質の研究で多大な業績を上げたライマン・スピッツァー Jr.博士に由来する。NASA が電磁波の広い領域で総合的な観測を目指したグレート・オブザバトリー計画4機のうちの1機である（他は**ハッブル宇宙望遠鏡**、**チャンドラ衛星**、**コンプトンガンマ線衛星**）。

満たないが，近・中間赤外で高感度の全天カタログを作成した．一度は運用停止したが，地球接近天体（NEO）を主目的とした探査観測のため現在でも運用され，そのカタログは非常によく活用されている．WISE によって，**褐色矮星や惑星質量天体**（4章）が次々と見つかり，太陽から近い星のカタログが塗り替えられ，最近傍の5つの星の顔ぶれが変わったことは意義深い．

3.1.4 電波の望遠鏡

電波観測では，テレビの BS 受信アンテナを巨大化・高精度化したようなパラボラアンテナで電波を集める．パラボラとは円錐曲線の一つである放物線のことで，数学的には，ある一つの線とある一つの点からの距離が等しくなる点の集合であり，物理では地面から斜めに投げ上げた質点の描く軌跡として有名である．パラボラアンテナに平行に入射した電波は，反射して焦点に集まる．焦点には電波を検出する受信機が設置される．焦点は光軸上でパラボラアンテナの前面に位置するが，大型受信機を安定して取り付けたい場合などには収束する電波を反射して折り返し，アンテナ中央の穴を通して背面に焦点を配置する．

電波望遠鏡の観測波長は広範囲にわたるが，可視光に比べて波長がとても長い電波では，高い空間分解能を得ようとすると大口径化が必須である．しかし単一鏡での大口径化には限界がある．ミリ波帯（30-300 GHz）であれば，日本の国立天文台野辺山宇宙電波観測所の45 m 電波望遠鏡（図3.2左），1.4 GHz 帯であれば中国の **FAST**（口径500 m；固定型），22 GHz 帯ではドイツの**エッフェルスベルグ電波天文台**とアメリカのグリーンバンクにある100 m 電波望遠鏡（図3.2右）が単一鏡で世界最大口径[5]となる．1940年代に発明された，複数のパラボラアンテナからの信号を結合する**電波干渉計**の技術によって，現在では電波でも高い空間分解能が得られている（3.1.6節）．

宇宙電波望遠鏡としては，宇宙背景放射を観測する目的で開発された COBE 衛星（赤外線〜電波），WMAP 衛星（電波），**プランク衛星**（サブミリ波）など

5）FAST が完成するまでの50年以上，1963年にプエルトリコの**アレシボ天文台**の口径305m 望遠鏡が世界最大の電波望遠鏡（固定型）であった．これを用いた地球外知的生命体探査（SETI）プロジェクトは市民も参加できるものであったが，アレシボ望遠鏡は2020年に事故により崩壊した．

図3.2 （左）国立天文台宇宙電波観測所45 m ミリ波望遠鏡，（右）
アメリカのグリーンバンク100 m 電波望遠鏡

があげられる．これらは宇宙背景放射が約2.7K の黒体放射であること，天球上
でのその温度分布に10万分の1 のわずかな空間的ゆらぎがあることなど数々の発
見をした．

3.1.5 X 線の望遠鏡

　X 線は透過力が強いため，可視光・赤外線や電波のように普通の鏡で反射す
ることが難しい．そこで図3.3上のように，小さい角度ならば進行方向を変えられ
る手法（斜入射反射）を利用する．反射膜としては金や多層膜（たとえば白金と
炭素の膜を交互に積層したもの）が用いられる．これを回転放物面と回転双曲面

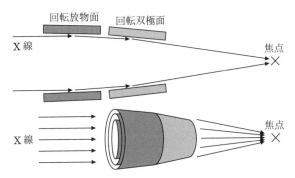

図3.3 （上）X 線集光の概念図，（下）上の機構を同心円状に組み合わせたもの．

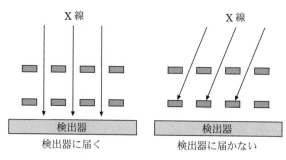

図3.4 すだれコリメータの概念図

に整形し，飛来するX線を全反射させることで集光する．さらに，図3.3下図の
ように，この機構を同心円状に多数組み合わせることで，反射したX線をブラ
ッグ回折により強め合わせ反射率を高められるようになり，高感度のX線天文
観測が発展した．

　X線観測が始まった頃は，空間分解能が低く，X線がどの方向から来たのか，
また放射天体が恒星のように点状か，星雲のように広がった天体かを判別するこ
とが難しかった．この問題は，**小田 稔**が1960年代に考案した「**すだれコリメー
タ**」によって克服された．この原理は，X線検出器の前に2つの格子状のすだ
れを2層におくと，特定の角度で入射したX線は，すだれに邪魔されることで
検出器まで届かなくなるということを利用する（図3.4）．

　日本発のすだれコリメーターを搭載したX線望遠鏡「**はくちょう衛星**」以来，
日本では複数のX線望遠鏡が打ち上げられてきた．現在，活躍しているX線望
遠鏡は，NASA によって打ち上げられた**チャンドラ衛星**[6]や，ESA による
XMM-ニュートン衛星，ドイツによる小型で全天探査観測をする **eROSITA 望遠
鏡**などである．前者二つは大型望遠鏡であり，ともに20年以上運用が継続され，
X線天文学の新たな世界を切り拓いた．

6）望遠鏡の名前の由来となっているのは，白色矮星が中性子星になるための質量限界を理論的に求めた
　天体物理学者**スブラマニアン・チャンドラセカール**である．また「チャンドラ」とはサンスクリット
　語で月という意味をもつ．ちなみに，チャンドラセカールはインド人であり，インドのヒマラヤ山脈
　にもチャンドラ（光学赤外線）望遠鏡が設置されている．

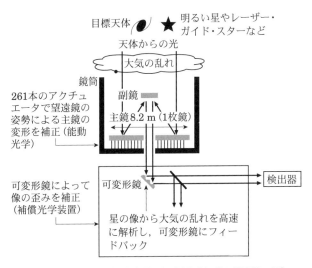

目標天体　明るい星やレーザー・ガイド・スターなど

天体からの光

大気の乱れ

鏡筒

261本のアクチュエータで望遠鏡の姿勢による主鏡の変形を補正（能動光学）

副鏡

主鏡8.2 m（1枚鏡）

可変形鏡によって像の歪みを補正（補償光学装置）

可変形鏡

検出器

星の像から大気の乱れを高速に解析し，可変形鏡にフィードバック

図3.5　能動光学と補償光学の概念図（すばる望遠鏡の例）

3.1.6　空間分解能の向上

　3.1.1節で述べた回折限界は，望遠鏡の分解能の理論的な最小値である．実際には，地上望遠鏡では，地球大気のゆらぎによって天体の像がぼやけて大きくなる（シーイング）．たとえば可視光観測では望遠鏡の口径が30 cm 程度（回折限界約0.4秒角）より大きいと，回折限界よりもシーイングが大きくなるので，空間分解能は回折限界より悪くなる．口径8.2 m のすばる望遠鏡の可視光での回折限界は約0.02秒角であり，世界で最良の観測環境であるマウナケ山頂でもシーイングの方が圧倒的に大きい．そこで可視光・赤外線の地上望遠鏡では**補償光学**という技術が空間分解能の向上に決定的な役割を果たす（図3.5）．

　補償光学は，観測する天体の近くにある明るい星，もしくは地上からレーザーを照射して作った人工的な星の観測から，地球大気のゆらぎによる星像の歪みを分析して，歪んだ天体像をリアルタイムで鮮明に補正するという技術である．補償光学システムのような高精度観測装置の制御には，高速のコンピュータの役割が大きい．この10年で補償光学の技術はさらに発展し，すばる望遠鏡では，大口径と補償光学を組み合わせ，ハッブル宇宙望遠鏡に勝る高空間分解能の画像が得

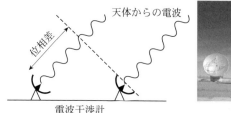

図3.6　（左）電波干渉計の概念図．（右）アルマ望遠鏡．

られるようになってきた．

　一方，宇宙からの可視光・赤外線の観測は，地球大気の影響を受けないため星像の劣化問題を克服できる．これを活用したのが，ESA によって打ち上げられた位置天文衛星の**ヒッパルコス衛星**や**ガイア衛星**である．ガイアは銀河系内の15億個以上（なんと約１％にも達する[7]）の星の**年周視差**や**固有運動**，**視線速度**等を測定して，**銀河系**の非常に高精度の３次元地図を作ることを目的とする．観測は当初予定の2019年末を超えて延長され，2021年までに３回データが公開され，世界中の天文学者に活用され新たな研究が生み出されている（図7.1，A6節も参照）．

　電波望遠鏡では，電波干渉計によって高い空間分解能が実現される．同じ天体からの電波を複数のアンテナで受信した場合，アンテナの場所が異なることによって，異なる位相で電波が受信される（図3.6左）．受信した電波信号を干渉させることで，この位相の違いから高い空間分解能を実現する．アルマ望遠鏡（図3.6右）や VLA 望遠鏡などはこの代表例である．アルマ望遠鏡は，世界でも有数の乾燥した場所であるチリのアタカマ砂漠（標高約5000 m）に設置された望遠鏡であり，日米欧の国際協力で2013年から運用されている．口径12 m と７m の合計66台のパラボラアンテナから構成され，最大で直径約16 km[8]の範囲に配置し，一つの巨大な望遠鏡として機能する．また，2019年に世界初のブラックホ

7）マスコミの世論調査に答えた人数と，対象となるべき国民の総数の比（0.001％程度）と比べるといかに大規模な調査であるかがわかる．

8）口径16 km の望遠鏡の波長0.6 mm での解像度約0.01秒は，人間の視力にたとえると「視力6000」，大阪に落ちている１円玉が東京から見分けられるほどの超高空間分解能である．

ールシャドウを捉えた**イベントホライズンテレスコープ**（EHT）は世界の8か所にある電波望遠鏡を結合させることで実現した巨大な電波干渉計で，アルマをはるかに上回る空間分解能を有する（図9.3参照）．

3.2　観測装置とデータ処理

　観測装置は望遠鏡の焦点面に集められた光を直接，あるいは分光するなどの処理をして検出器に導くものである．天体からの電磁波を記録するのは検出器の役割である．天体観測の歴史で見ると，もともとあった検出器は（裸）眼であり，記録の保存と客観的な科学測定に耐える最初の検出器が化学反応を用いる写真乾板であった．1980年代以降，検出器には物理効果を用いた電荷結合素子（CCD）が使われ，数十倍から百倍近く感度が上がった．

　金属や半導体に電磁波を照射すると，そのエネルギーを受けて，内部の電子が励起されたり，表面から飛び出したりする．このような現象を**光電効果**という．前者を利用したものが電荷結合素子（CCD）であり，後者の性質を利用したものが光電子増倍管である．現在，可視光の観測装置ではCCD[9]が主流であるが，後述のニュートリノ観測などでは**光電子増倍管**が使われている．最近では，検出器の高感度化と並列化が進んでいる．

　CCDではおもにシリコン結晶が用いられるが，近赤外線観測などでは，可視光よりも低いエネルギーに敏感なInSb（インジウム・アンチモン）やHgCdTe（水銀・カドミウム・テルル）が用いられる．近赤外線観測では，観測装置周辺の熱エネルギーによってこれらの電子が励起されるため，観測装置を低温状態に維持するための機構が必要となる．

　天体観測で得られる光の情報には，空間分布，時間変化，波長毎の強度，偏光状態などがある．これらを得るための観測手法を大きく分けると，天体の明るさの情報を得る「**撮像観測（測光観測）**」，天体のスペクトルを得る「**分光観測**」，

9）CCDは高感度である一方，読み出しに時間がかかる．最近では高速読み出しができる高感度のCMOSイメージセンサーが天文観測にも少しずつ使われ始めている．CMOSセンサーは多くのスマートフォン・小型デジタルカメラなどに，CCDはデジタル一眼レフカメラの一部に使用されている．

天体の光の偏りを調べる「**偏光観測**」がある．観測には，手法ごとで異なる種類の観測装置を用いる．撮像においては多色同時，広視野，高速，**コロナグラフ**[10]など，また分光においては高分散，多天体同時，面分光など，偏光においては多成分同時取得などの特徴を持つさまざまなものがあり，それぞれに工夫が施されている．

観測装置で得られた天体画像には，電磁波以外にも観測装置周辺の熱によって励起された電子による雑音，地球大気（減光や像のぼやけ），**宇宙線**，画素毎の感度むらなどの影響があるため，コンピュータ上で画像解析ソフトウェアを用いることで，天体以外の信号成分を適切に除去・補正する必要がある．画像解析用ソフトウェアには，汎用性が高く市販されているものから，研究機関で開発・配布されているもの，観測装置開発グループからその装置で得られたデータ用に提供されるものなどさまざまなものが存在する．近年では観測データ量が著しく大きくなり，一晩の観測データを保管するためにテラバイト容量のハード・ディスクが必要になる，といったケースもある．

3.3　多波長による観測

現代天文学では，ガンマ線から電波までさまざまな波長の観測が行われ，さまざまな側面から天体を探っている．それぞれの波長での観測には特徴がある．たとえば，可視光は星間塵やガスに吸収・散乱されやすい．そのため，分子雲や銀河系中心など星間物質が多い領域にある星は可視光では見え難い．一方，赤外線は可視光よりも散乱・吸収される度合いが小さいため，星間塵やガスに隠された天体が見えてくる．図3.7は，可視光と近赤外線で観測した星が誕生する領域，**オリオン大星雲**M42の中心部の画像である．近赤外画像には，星間塵と星間ガスによって隠された多数の星々が見えている．この近赤外画像を詳しく解析して，**前主系列星**や**褐色矮星**が集団で誕生していることがわかった．

図3.8は，可視光，遠赤外線，電波（ミリ波）で観測されたオリオン座である．

---

10) 中心にある明るい天体を隠して（擬似的に皆既日食のような状態として）周りの暗い構造を見るための装置．

図3.7　（左）可視光（ハッブル宇宙望遠鏡）と，（右）近赤外線（すばる望遠鏡）で観測した
M42の中心領域.

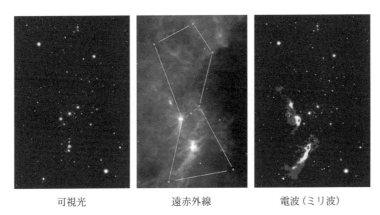

　　　　可視光　　　　　　　　　遠赤外線　　　　　　電波（ミリ波）

図3.8　オリオン座領域の可視光（左），遠赤外線（中央），電波の画像（「一家に
　　　1枚 天体望遠鏡400年」より）.

可視光画像ではオリオン座を形作る恒星と三つ星の下に明るく輝く星雲（M42）
が見えている．しかし，遠赤外線画像では星は見えないが，この領域の星間塵の
分布を知ることができる．遠赤外線で明るく見える場所は，実は，可視光では
M42と馬頭星雲（**暗黒星雲**）の場所と一致する．電波画像は一酸化炭素ガスの輝
線を見ているが，明るいところは遠赤外線で明るいところと一致している．M42
と馬頭星雲という星間塵が多い場所には一酸化炭素ガスも多く存在していること
が分かる．この画像から，オリオン座の広い領域で，今も星が次から次へと生ま

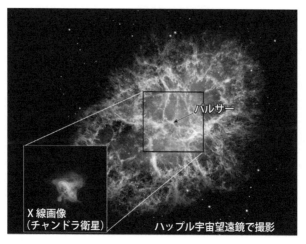

図3.9 超新星残骸 M1の可視光と X 線画像（左下）（NASA/HST, NASA/Chandra）

れていることが読み取れる.

さらに，X 線の観測では，高いエネルギーを持つ高温プラズマの様子などを見ることができる. 図3.9はかに星雲（M1）と呼ばれる**超新星残骸**の可視光と X 線の画像である. 可視光画像では，超新星爆発によって周辺へ超音速で広がる複雑な電離ガスの様子を見ることができる. 一方，X 線では中心に形成されたパルサーから，高温のプラズマが渦を巻きながら周りに吹き出していることが分かる.

このように，同じ天体であっても，観測する波長によって見せる姿はさまざまであり，その背景には何らかの科学的な理由が存在している. 多波長観測は，天体のこのような多様な姿を明らかにしてくれるのである.

■ トピック

カラー画像は得られない！

書店に行くと，天文学に関連したさまざまな雑誌や書籍を目にする. それらは大抵カラフルな天体画像で我々にアピールしてくる. しかし，実はこれら天体画像の色鮮やかさが人工的なものだと知ったら，皆さんは驚くだろうか？

　我々研究者が使用する観測装置では，やってきた電磁波の強度とそれが空の
どの位置からやって来たのか，という情報のみが記録される．つまり，観測で
得られる画像は基本的に「白黒」なのである．では，あの色鮮やかさの源は何
なのだろうか？

　光の三原色「赤」「緑」「青」の各々を適度な強度で混ぜ合わせることで，さ
まざまな色をつくることができる．そこで次のように考えてみよう．人間の視
覚で「赤」と認識する波長帯の白黒画像を赤に，「緑」と認識する波長帯の白
黒画像を緑に，そして，「青」と認識する波長帯の白黒画像を青に着色する．
そして，この三つの画像を足し合わせるとどうなるだろうか？　そう，カラフ
ルな天体画像になるのである．

　しかし，各波長帯の画像を，どのような明度・コントラストで作成するかは
画像作成者のセンスによって異なる．つまり，このようなカラー画像は，実際
に肉眼で見たときの天体の姿とは限らないのである．そのため，このような天
体のカラー画像は，**代表色表示**（あるいは**疑似カラー表示**）画像と呼ばれてい
る．ただし，天体のどの位置からどの波長の電磁波がどの程度強く放射されて
いるかが分かるため，**代表色表示**ではあっても，決して非科学的な画像ではな
い．

3.4　21世紀の天文学

3.4.1　マルチメッセンジャー天文学

　宇宙を見る人類最初の手段は，私たちの目，そして可視光の望遠鏡であった
が，20世紀になって可視光以外の，**電波**，**赤外線**，**紫外線**，**X線**，**ガンマ線**など
あらゆる波長の光（電磁波）による宇宙の観測がなされるようになった．可視光
以外の電磁波観測の空間分解能は当初は可視光に及ばない状況が続いたが，技術
進歩により現在ではほとんどの波長で可視光に匹敵ないしはそれを凌駕する分解
能が得られている．

　1911年にビクトール・ヘスにより宇宙から飛来する高エネルギー粒子である宇

図3.10 超新星爆発 SN1987A の爆発前（右）と爆発後（左）（アングロ・オーストラリア天文台 /Daved Malin 撮影）

宙線が発見された．そして1987年には太陽以外から飛来する**ニュートリノ**[11]がはじめて捉えられた．ニュートリノは電磁波が通り抜けられないような高温・高密度の場所も容易にすり抜けて我々のもとにたどりつく．このためニュートリノの観測自体著しく困難であるが，1970年代に太陽からのニュートリノが初めてとらえられた．さらに，神岡鉱山地下に設置した3000トンの超純水を蓄えたタンクと948本の光電子増倍管からなる観測装置**カミオカンデ**は1987年に，16万光年離れた大マゼラン雲中の超新星**SN1987A**（図3.10）からやってきたニュートリノの検出に成功した．この実験のリーダーであった小柴昌俊は2002年ノーベル物理学賞を受賞した．ここからニュートリノ天文学が本格的に始まり，現在ではカミオカンデの後継機**スーパーカミオカンデ**やカムランド，南極の氷床を活用した**アイスキューブ実験**を始め，世界中で多くの観測装置が動いている[12]．

　2015年は人類が宇宙を見る新しい目を手に入れた記念すべき年となった．**アルバート・アインシュタイン**が100年前にその存在を予言した重力波がついに検出されたのである．重力波は時空のゆがみ（重力）を引き起こす「質量」が運動す

---

11) ニュートリノは，物理学者パウリによって電気を帯びていない，謎の幽霊のような粒子「ニュートロン」として提唱された．その後，ニュートロン（中性子）が発見されたため，物理学者フェルミが幽霊粒子を「ニュートリノ」と名づけ直した．この名称は，「ニュートラル」は中性，つまり電気を帯びていない，「イノ」はイタリア語で小さいという意味に由来する．

12) 2021年からスーパーカミオカンデの後継機ハイパーカミオカンデの建設が始まった．

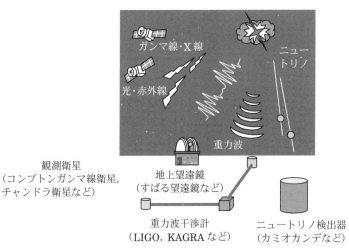

図3.11　マルチメッセンジャー天文学の概念図

ることで発生する．アインシュタインは，時空のゆがみは水面を伝わるさざ波のように光速で宇宙を伝わっていくと予言した．重力波は中性子星やブラックホールなど高密度天体の合体などに伴って生じる．重力波望遠鏡には，アメリカのLIGO（ライゴ），イタリア，フランスなどヨーロッパ6か国共同の Virgo 干渉計[13]，日本の KAGRA（カグラ）**大型低温重力波望遠鏡**がある．これらの装置は巨大な真空パイプの中にレーザー光を放ち，その光が往復する時間の変化を調べるというレーザー干渉計の手法を用いている．重力波によって空間が伸縮すると，巨大なパイプの中を通る光の位相がほんのわずかずれて到達するという原理である．LIGO によって，2015年に地球から約13億光年離れた銀河で起こった，太陽の約36倍と約29倍の質量をもつ2つのブラックホールの衝突により発生した重力波 GW150914（検出した日付）がとらえられた．その後2017年には，**二重中性子星連星**の合体による重力波 GW170817が検出され，そこで発生した大爆発（**キロノバ**）の光学観測に日本のすばる望遠鏡など光赤外線望遠鏡が活躍した（9.2.4節参照）．

　今や人類は，電磁波に加えて宇宙線やニュートリノなどの粒子，そして重力波

13）Virgo（バーゴ）は，距離約5900万光年にあるおとめ座銀河団にちなんで命名された．

という多彩な観測手段を手に入れた．これらを宇宙からの情報を運ぶ運び手（メッセンジャー）とみなし，天体現象により発せられるさまざまな情報を（同時）観測し総合的に分析することを**マルチメッセンジャー天文学**と呼んでいる．

3.4.2 データベース天文学

多くの研究所・観測所では，観測によって得られたデータが，インターネットを介して，全世界に公開されている．観測データが広く公開されるのは天文学の大きな特徴だろう．

天文学の世界において，大規模な観測装置の多くは，年に2回ほど研究テーマが公募される．そして審査を受けて採択された計画だけが実際に観測される．このような運用方法を共同利用という．しかし，多くの観測所では，観測によって得られたデータは，1-2年程度で一般に向けて公開されてしまう．これは，観測データは観測所や研究テーマを申請して採択された個人のものではなく，人類共通の財産であるという理念に基づくものである．つまり，パソコンとインターネット環境があれば，誰でも最新の観測装置に基づく観測データが入手できるのである．このようなデータをアーカイブデータと呼び，多様な研究を進める上で非常に有用である．前述したすばる望遠鏡，スピッツァー宇宙望遠鏡やガイア衛星など地上・宇宙に関わらず，多くの望遠鏡の観測データが公開されている．日本では，国立天文台が中心となって，SMOKA（Subaru-Mitaka-Okayama-Kiso Archive system）というアーカイブデータシステムが構築されている．

また現在世界中にある大量かつ多様なアーカイブデータを有機的に結合し，共通化されたインターフェースを用いてさまざまな天体データを横断的に検索，閲覧，収集，解析できるようにした**仮想天文台**（Virtual Observatory: VO）が稼働している（日本では Japanese VO: JVO）．コンピュータとネットワークを介して，誰もがアーカイブされた観測データを入手，すなわち，観測できる**データベース天文学**の時代が到来したといえよう．これらのデータは膨大であり，統計学と連携したデータサイエンスも進められている．近年では一度も観測をしたことがないがアーカイブデータを用いて最新の観測的研究をしている研究者が現れ始めている．また，アーカイブデータは，天文学研究の体験教室や高等学校の課題研究などにも利用されている．

3.4.3　シミュレーション天文学（理論と観測の融合）

　コンピュータは「理論の望遠鏡」ともいわれるほど天文学の重要な研究手段である．天体現象は実験室で再現できない．そこで現実的な条件設定の下で基本物理法則に基づく大規模シミュレーションが行われ，観測と理論予測を比較する上で重要な役割を果たしている．コンピュータの急速な発展により，巨大化・高精度化した観測装置の制御だけではなく，コンピュータの中に，分子雲と星や惑星の形成，ブラックホール，銀河，そして，宇宙の大規模構造までをも作り出すことが可能になっている．このような研究手法は，**シミュレーション天文学**と呼ばれる．たとえば，実際の宇宙では何万から何億年とかかる現象を，理論上とはいえ，わずかな時間で目の当たりにさせてくれるのである．月は**ジャイアントインパクト**から数か月で形成された可能性があるという説や，小天体の巨大衝突から地球質量の惑星が誕生する（図5.7）という説などはコンピュータシミュレーションならではの成果であろう．多波長・多手法の観測データから新たな発見が生まれるが，さらにシミュレーションから観測データの再現や比較・検証，加えてその先の予測を行うことができ，次の研究や観測へとつながる．つまり天文学には観測と理論の両輪が必要不可欠なのである．

3.4.4　これからの観測天文学

　現在，8-10 m望遠鏡は世界中で安定して運用されており，30 m級の地上超大型望遠鏡の建設が始まっている．次世代の巨大な観測装置は，もはや一国で作り上げることは難しく，いくつもの国や機関が連携していることが特徴的である．また，8 m以上の巨大な一枚鏡を作ることは現在の技術では難しいため，次世代の地上望遠鏡では1.5 m程度あるいは8 m程度の鏡を多数枚組み合わせることで巨大な主鏡を形作る手法（**分割鏡**）を採用している（A10.3節参照）．現在30 m級望遠鏡として進められているものとして，日本・アメリカ・カナダ・インド・中国による **TMT**（Thirty-Meter Telescope: 図3.12），ESO による **E-ELT**（European Extremely Large Telescope），アメリカ，オーストラリア，ブラジル，チリ，韓国による **GMT**（Giant Magellan Telescope）がある．TMT はハワイ島マウナケア山（4200 m）のすばる望遠鏡の近くに建設予定であるが，

図3.12　TMT 完成想像図（TIO）

E-ELT はチリのアタカマ砂漠（3000 m），GMT はチリのラスカンパナス天文台（2500 m）に設置される．すばる望遠鏡は，130億年ほど前の銀河を見つけ，星・惑星が誕生する姿や太陽系外惑星を直接的にとらえることに成功した．次世代のTMT は，集光力ですばる望遠鏡などを10倍以上も上回り，補償光学によりハッブル望遠鏡を10倍以上凌駕する空間分解能を実現する見込みである．これにより，昔の銀河はどのように誕生したのか，ほかの銀河では星がどのように誕生し進化するのか，居住可能な太陽系外惑星の表面や大気はどのようになっているのか，などの問いに挑む．

　巨大望遠鏡の計画が進む一方で，**ベラルービン天文台**（旧称 LSST）など8 m級の広域探査専用望遠鏡の建設や，多数の中小口径望遠鏡の自動化や連携観測なども同時に進められている．これらは，巨大望遠鏡では達成できない広い視野や高い時間分解能，多波長・多手法同時観測などで天体を探っていく．

　宇宙望遠鏡については，NASA が2021年12月25日に打ち上げた**ジェイムズウェッブ宇宙望遠鏡**（JWST；図3.13），その次の**ローマン宇宙望遠鏡**，ESA が主体の**ユークリッド衛星**（可視近赤外広視野）などが近い将来の計画として進められている．これらの宇宙望遠鏡は，すばる望遠鏡をはじめとする大型の地上望遠鏡と共同で，同じ視野を違う波長・手法で観測する計画が進められている．地上大型望遠鏡と宇宙望遠鏡との連携観測が今後はさらに進むだろう．さらに数十年先には，宇宙の干渉計や外部遮蔽体と望遠鏡を宇宙でペアにして用いるコロナグラフ観測も検討されている．

　また，電波望遠鏡では，ミリ波・センチ波で巨大な干渉計となる SKA

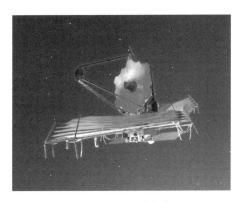

図3.13　JWST 完成想像図

（Square Kilometer Array）や **ngVLA**（next-generation VLA）計画が国際共同で
進められ，高エネルギーでは X 線の **XRISM 衛星**（X-Ray Imaging and Spectros-
copy Mission），**チェレンコフ望遠鏡アレイ**（CTA），国際宇宙ガンマ線天文台な
どの開発・建設が進んでいる．さらに，ダークマター粒子の直接検出を目指す計
画も進められている．

発　展

観測実習

　本章では，ほんの一部ではあるが天文学者が使用しているさまざまな観測機
器を紹介した．これらの多くは開発のみならず維持においても多額の予算が必
要となる．そのため，これらは基本的に「共同利用」という形で運用されてい
る．これは観測機器の開発・維持のノウハウとマンパワーを持つ大きな機関が
運用を行い，世界中の研究者がこれを共同で使用するというものである．ただ
し，誰もが気軽に使えるわけではなく，使用者は基本的に大学院生以上の研究
者であることが必要である．そして，多くの場合，半年に 1 度研究テーマの公
募があり，提案申請書に研究テーマ，研究チームのメンバー，研究の背景と目
的，観測計画，この観測から期待される結果とその科学的意義，などを記して
提出する．申請書は匿名の複数の審査員（やはりどこかの研究者が担当する）

によって審査され，その審査結果によって観測時間が割り当てられる．科学的意義が理解されない，あるいはその観測装置ではどうにも不可能なテーマの場合，「残念ながら，あなたの観測計画は採択されませんでした」という返事が届く．

　では，大学生はどのようにして天体観測の技量を磨くのだろうか？　一つの方法は指導教員や研究室の仲間が割り当てられた観測に同行することである．二つ目の方法として，大学や研究室が観測装置を持っている場合（共同利用の装置よりはずっと小規模になるが）には，それを用いた観測が可能であろう．三つ目としては，一部の共同利用装置が提供する，学部生や大学院生を対象とした観測実習の時間を使用する方法がある．この場合，共同利用機関側が日時を決めて参加者を募集するケースもあれば，共同利用機関と大学や研究室が話し合いによって日時を決めるケースなどがある．地方公共団体などが運営している公共天文台の中にも，大学や研究室に観測時間を提供してくれるケースもあり，実にさまざまな形で観測実習が行われている．なかには自分たちで実習テーマを決めて，そのための観測計画を立案し，自分たちで観測・画像解析を行って，そこから科学的な結果・考察を得るような実習もある．このような一連の活動の重要性は，現行の小学校から高等学校までの理科の学習指導要領にも謳われているのだが，ご存じだろうか？

章末問題

1. 現在建設が進められている口径30 mの望遠鏡の集光力は，市販の口径6 cmの望遠鏡の集光力の何倍になるか計算せよ．また，口径30 mの望遠鏡が1分で集める光を，この6 cm望遠鏡で集めるために必要な観測時間を計算せよ．

2. アメリカ・パロマー天文台のヘール望遠鏡（口径5 m）の赤道儀は，ホースシュー型（馬蹄型）という独特の形状をしている．これは，地軸に平行な回転軸の北極側を受ける部分が馬蹄形をしていることに由来するが，この独特の形状は何のためだろうか，考えて答えよ．

3. JWST など一部の宇宙望遠鏡は，地球を周回するのではなく，太陽–地球のラグランジュ・ポイント L_2（太陽から見て地球の裏側）に置かれることがある．これは何故だろうか，その理由を考えて簡単に述べよ．

4. 彗星の可視光観測を行い，B バンド画像を青色，V バンド画像を緑色，R バンド画像を赤色に着色し，彗星のコマで位置合わせをして疑似カラー画像を作成した．すると，彗星のカラー画像には問題はなかったものの，背景に写った星の位置がすべて同じようにずれてしまった．何故このようなことが起こったのか理由を簡潔に答えなさい．

5. 地球を周回する宇宙望遠鏡にとって脅威となるものがあるが，これは何か考察せよ．

付録

天文基礎アラカルト

この付録では天文学を教える上で基礎となる重要な概念を簡単に解説する．もう少し深く知りたい場合はたとえば，日本天文学会のインターネット版「天文学辞典」（巻末の参考 web サイト参照）やその他の解説書を参照されたい．

A1　角度の測り方と単位

天文学では角度を精密に測定することがとても重要だ．天球上での天体の見かけの位置は**天球座標系**で表されるが，その座標は角度である．それに対応して，天球上での天体の見かけの大きさ（**視直径**）および二点間の距離（**角距離**）も角

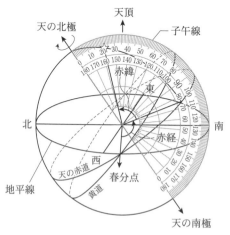

図 A.1　天球座標は角度である

度で表す．一般には角度は度（°），分（′），秒（″）で測る．「分」と「秒」は時間と同じ60進法に従っている．すなわち，1′は1°の1/60，1″は1′の1/60（1°の1/3600）である．1″より小さい角度は10進法で，0.1″，0.01″等のように表記する．千分の1秒を「ミリ秒」，百万分の1秒を「マイクロ秒」と呼ぶことがある．

　赤道座標系（A2.2節参照）では，赤経を角度ではなく時間で表すことが多い．天体は**日周運動**するので，ほぼ24時間で1回転する天球上の天体の観測に便利だからである．この場合の単位は時計と同じく「時（時間）」，「分」，「秒」である．角度との対応は，24時間が360°に対応するので，1時間＝15°，1分＝15′，1秒＝15″となる．角度の「分」と「秒」を同名の時間の単位と区分するために「分角（角度分）」と「秒角（角度秒）」ということもある（**角度表示**）．

　国際単位系での角度の単位は**ラジアン**（rad）である．円の半径と同じ長さの円弧を見込む中心角が1ラジアンである．半円周は半径のπ（円周率）倍であることから以下の関係がある．

$$180° = \pi \ (\text{rad}) \quad \text{よって} \quad 1° = \pi/180 \ (\text{rad}) \tag{A1}$$

A2　天体の位置の表し方

A2.1　地平座標

　天球上での天体の位置を高度と方位角で表す方法を**地平座標**と呼ぶ（図A.2）．観測者の真上にあたる方向を天頂と呼ぶ．次に天頂を通り，地平線上の方位である南と北を結ぶ大円を子午線と呼ぶ．高度とは，地平線（＝水平線）から天頂を通る大円に沿って測った仰角のことで，地平線上の天体は高度0°，天頂にある天体は高度90°である（天文学者は，高度とは逆に天頂からの角度で天体の高さを表現する場合があり，これを天頂距離という．一方，方位角は北を0°とし，天頂方向を軸として東回り（時計回り）に東を90°，南を180°，西を270°とする（まれに南を0°とする場合もある．この場合も時計回りで角度を測る）．

　地平座標は中学生・高校生からすると，自分が座標の中心に位置し，直観（生活感覚）に合う座標系のため，地球の自転と日周運動の関係や，地球の公転と年

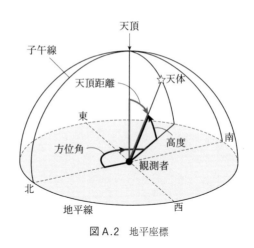

図 A.2　地平座標

周運動，季節の変化や太陽・月・星座の位置と動きを理解するのによく用いられる．国立天文台の新天体通報においても，一般（初心者）の人からは，発見時刻や天体の明るさ・動きの他に，観測地と天体の位置情報として高度と方位角を必要不可欠な基本情報として聞き取るようにしている．

A2. 2　赤道座標

　地球の赤道面を天球に延長した天の赤道面を基準にする座標系が**赤道座標**である．地球の地軸を天球に延長した点を天の北極と天の南極と呼ぶ（図 A.3）．一つの天体に対する地平座標は時間とともに変化するが，赤道座標は天球に張り付いた座標系なので，（後述する分点の違いと**固有運動**を別にすれば）時間とともに変わることはない．この座標系を使いこなせるようになると，**赤道儀**式望遠鏡（A10.2節参照）で惑星や星雲などを観測することが簡単になるばかりか，調べたい天体や発見した天体の位置を正確に伝えることが可能となる．

　赤道座標系における経度は赤経（α），緯度は赤緯（δ）と呼び，図 A.3のように $\delta = 0°$ は天の赤道，$\delta = +90°$ は天の北極，$\delta = -90°$ が天の南極を示す．一方，赤経の原点は**春分点**（太陽が春分に天の赤道を南から北に横切る点：天球上での太陽の通り道である**黄道**と**天の赤道**との交点の一つ）の方向とし，天の赤道に沿って東回りに角度を測る（注：地平座標の方位と逆回り．これは，地球の自

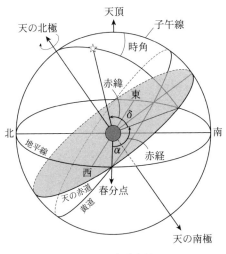

図 A.3　赤道座標

転によって天球が東から西に回転するので，時間が経つと α が増えるようにするため）．赤経は一般に角度（°′″）表示ではなく時間（時分秒；hms）表示で表す．赤道座標は地球の自転によって日周運動をする天体の位置を表すのに便利な座標系といえる（太陽系内での位置を記述するのに便利な**黄道座標**や，銀河系（天の川銀河）内の位置を記述するのに便利な**銀河座標**も天文学では用いられる）．

　赤道座標を用いるときに，注意しなければならないことがある．それは，地球の**歳差**（月や太陽からの引力によって引き起こされる地球の首振り運動のこと．自転とは逆向きに周期約26000年で地軸が回転する）と**章動**（歳差よりも短い周期で生じている地球自転による地軸の変化）により，基準となる春分点や極点が移動してしまうことである．このため，赤道座標では，いつ時点での (α, δ) なのかも忘れずに記述しなければならない．これを**分点**と呼ぶ．星図や星表をよく見ると「J2000.0（紀元2000年）の平均春分点および平均赤道にもとづく」などのように記述されていることに気づくことであろう．分点が異なれば赤道座標は少し変わる．また固有運動によって天体の位置が変われば対応して座標が（ほんのわずか）変わる．歳差・章動や分点の詳細については専門書を参照されたい．

A3 時と暦

A3.1 日本標準時と世界時

　観測地点において，太陽が**南中**する時刻はその地点における**正午**であり，次に南中するまでの時間が1日である．しかし，場所が変わるごとに時刻が異なることは日常生活では不便なため，日本においては，兵庫県明石市を通る経線（東経135°）を日本で使用する時刻の基準としている．これを一般には**日本標準時**（法律上は**中央標準時**）と呼ぶ．したがって，時計の示す正午と，ある地点での太陽の南中時刻は通常は一致しない．観測地点ごとの実際の太陽の動きをもとにした時刻を視太陽時あるいは真太陽時という．

　では日本標準時は，明石市での視太陽時かというとそうではない．面倒なことに，地球の公転軌道は円でなく楕円であることと，地球の自転軸が23.4°の傾きを持っていることが原因となり，季節によって太陽の動きには周期的な変動があり，視太陽時を用いると時計の針のような一様な時刻系にはならない．このため，天の赤道上を等速度で運動する平均太陽という仮想的な天体を考え，それによって日常用いる時刻系を定めている．これが**平均太陽時**である．視太陽時と平均太陽時の差は**均時差**と呼ばれる（図 A.4）．したがって，日本標準時とは，東経135°（兵庫県明石市）での平均太陽時のことである．世界の基準となるイギリスのグリニッジを通る経度0°での平均太陽時は**世界時**と呼ばれる．日本標準時との時差は9時間あり，日本標準時 ＝ 世界時 ＋ 9時間　となる．

　以上が太陽の動きを基準とした歴史的な時刻系（**太陽時**）の定義である．現在日常生活で使う時刻系は協定世界時である．これは原子時計を基準にした**国際原子時**をもとにして，世界時とのずれが±0.91秒を超えないように**国際度量衡局**（BIPM）が，日本の情報通信研究機構（NICT）や**国立天文台**なども含む世界中の多くの研究機関の協力によって維持する時刻系である．ずれが大きくなると予想される場合は「うるう秒」によって調整する．協定世界時に基づく日本標準時は NICT が報時信号などで報時している．

　また，**全地球測位システム**（GPS）の信号には，衛星に搭載した**原子時計**の示

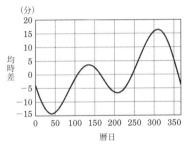 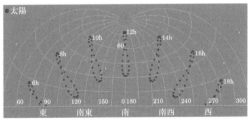

図 A.4　均時差（左）とアナレンマの解説図（右）．アナレンマは，1 年間を通じて，ある特定の地点で，毎日決まった時刻における天球上の太陽の位置をつないでできる 8 の字型の曲線．8 の字の長さ方向は太陽高度（赤緯）の変化に対応し，幅方向は均時差に対応している（QR コード）．

す時刻と，地上の原子時計とのずれの情報が含まれており，ここからも正確な時刻を取り出すことができる．さらに**光格子時計**や**ミリ秒パルサー**のパルス周期をもとにした時計など，原子時計をしのぐ高精度の時刻標準の研究が進んでいる．

A3.2　時角と恒星時

ここでは日常生活では必要ないものの，本格的な天体観測を行う際に基本的な知識として必要となる**時角**と**恒星時**について簡単に触れておく．

時角は，**子午線**を基準に天の赤道に沿って目的の天体まで東から西向きに測った角距離であり，普通は時間単位で表す（図 A.5 参照）．時角はその天体が南中してからの経過時間と等しく，時角 $H = 0^h0^m0.0^s$ のときにその天体は南中していることになる．

一方，恒星時とは春分点の時角のことである．つまり，恒星時とは春分点が子午線を通過してからの時間である．とくにグリニッジ子午線（本初子午線）を基準とする場合をグリニッジ視恒星時，任意の地点の子午線の場合を地方恒星時と呼んでいる．

太陽時が太陽の南中を基準とした時刻系なのに対し，恒星時は春分点の南中を基準とした時刻系である．地球が太陽に対して 1 自転する平均周期＝24 時間に対し，地球が春分点（または任意の恒星）に対して 1 自転する平均周期は，23 時間

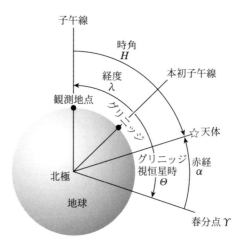

図A.5　時角 H, グリニッジ恒星時 Θ, 経度 λ, 赤経 α の関係.

56分4秒である．この約4分の差によって，ある星座が南中する時刻は，毎日4分ずつ早まっていき，1か月では約2時間早まることになる．日々生じるこの差によって，季節ごとに見える星座や星が変わっていく．

A3.3　太陽暦・太陰太陽暦・太陰暦

　人は古代より月や太陽の動きや変化に注目し，暦として活用してきた．月の満ち欠けの形（位相）はまるで天空上の日めくりのような存在である．月の満ち欠けで1か月を決め，12か月を1年と定める暦が太陰暦である．イスラム教の国々などが採用しているヒジュライ暦（イスラム暦ともいう）は太陰暦である．しかし，月の満ち欠けは約29.5日周期であり，1年が29.5×12回 = 354日では，太陽の周りを地球が公転することで生じる季節の変化の周期，1太陽年 = 365.24219日と暦日が次第にずれていってしまう．そこで，地球の公転運動を加味して，365日になるべく1年を近づけるためうるう月を挿入して調整する太陰太陽暦が生まれた．中国ほかいくつかの国々が太陰太陽暦を用いていた．日本でも明治5年までは太陰太陽暦を採用しており，一般にはこれを旧暦と呼んでいる．

　一方，エジプト暦に始まる太陽の動きに基づく暦が太陽暦である．適正な暦を

長く維持することは為政者にとって重要な国の政であった．紀元前46年，ローマ皇帝ユリウス・カエサル（英語ではジュリアス・シーザー）が定めた暦が**ユリウス暦**で，1年の長さを365.25日とし，各月の長さは30日か31日（2月は28日）に固定して，4年に1回うるう日を2月の末に入れると定めた．しかし，この暦を用いると，1年の長さが実際の長さより約11分間長いため，128年経つと暦上の日付と実際の太陽観測による日付とが1日ずれてしまう．数百年程度では季節感のずれはさほどないものの，1500年後には無視しきれないずれを生じていた．このため，ローマ法王グレゴリオ13世は，春分の日を3月21日に戻すため，1582年のみ10月4日の次の日を10月5日とせず，10月15日と定め，10日間のずれを補正した．さらに，うるう年の例外として，西暦の年数が100で割り切れる年はうるう年ではないとして，さらに400年に一度のみ（つまり400で割り切れる年は）さらなる例外としてうるう年とした．これが現在，日本をはじめ多くの国々で用いられている**グレゴリオ暦**である．グレゴリオ暦の1年は365＋97/400＝365.2425日であり，1太陽年とのずれは0.00031日である．

　日本においても，太陰太陽暦を用いていた江戸時代前期，中国から800年前に来た宣明暦を朝廷の政として用いていたところ誤差が大きく，日食や月食の予報に失敗し続けていた．そこで江戸幕府の命を受けた**渋川春海**が国産の暦である貞享暦を1684年に完成させた．春海は幕府の政として暦を作る初代の天文方に任じられた．これが，東京大学天文学科と国立天文台のルーツである．

A4　　宇宙を測る距離の単位

　宇宙は広大であるので，天体までの距離を測るには日常で使う km より大きな単位を使うと便利である．それらが**天文単位**（au）と**光年**（ly）と**パーセク**（pc）である．

　1天文単位（1 au）は，地球と太陽の平均距離である．従来は，レーダー観測などから求められた水星，金星，火星などの位置とケプラーの第三法則から決められていたが，**国際天文学連合**により2012年からは以下の値に固定された定数となった．

表 A.1　km，天文単位，光年，パーセクの換算表

パーセク	光　年	天文単位	km
3.24×10^{-14}	1.06×10^{-13}	6.68×10^{-9}	1
4.85×10^{-6}	1.58×10^{-5}	1	1.50×10^{8}
0.307	1	6.32×10^{4}	9.46×10^{12}
1	3.26	2.06×10^{5}	3.09×10^{13}

$$1\,\mathrm{au} = 149597870.7\,\mathrm{km}\ (約1億5000万キロメートル)$$

1光年は光が1年間に進む距離である．

$$1\,光年 = 9.46 \times 10^{12}\,\mathrm{km} \sim 9兆5000億\,\mathrm{km}$$

1パーセク（pc）は年周視差（1 au を見込む角度）が1秒角（$= \pi / (180 \times 3600)$ rad）になる距離である（I-1章コラム参照）．

$$1\,\mathrm{pc} = 206265\,\mathrm{au} = 3.26光年 = 3.09 \times 10^{13}\,\mathrm{km}$$

このように定義すると，年周視差がp秒角の天体の距離は$1/p$パーセクとなる．恒星に対しては$p < 1$である（もっとも近い恒星であるケンタウルス座α星でも$p = 0.74$）．遠い天体に対しては kpc（10^{3} pc）や Mpc（10^{6} pc）も単位として使われる．

光の速度は有限であるから，伝わるのに時間がかかる．太陽から出た光は約500秒で地球に届く．海王星まではその30倍の時間がかかる．太陽系からもっとも近い恒星（ケンタウルス座α星）までは4.3光年であり，銀河系（天の川銀河）の中心までは約2.8万光年である．隣の銀河であるアンドロメダ銀河は約250万光年（770 kpc），おとめ座銀河団は約5900万光年（18 Mpc）の距離にある．このように，遠方の天体ほど光が届くのに時間がかかるので，遠方の天体を観測することは過去の宇宙を観測することでもある．

A5　見かけの量と真の量

天体の観測量には見かけの量と真の量があることに注意する．同じ大きさの天体でも近くにあれば大きく見えるし，遠くにあれば小さく見える．明るさについても同様である．

A5.1　見かけの大きさと真の大きさ

天球上の角度で測った天体の見かけの大きさ（**視直径**）を θ（rad）とし，天体までの距離を r（km）とすると，天体の真の直径（実直径）D（km）は

$$D = r\theta \tag{A2}$$

で表される．このとき，r と D は km 以外でも同じ単位ならどんな単位で表しても良いが，θ は必ずラジアンでなければならない．

図 A.6　視直径，実直径，距離の関係

A5.2　見かけの明るさ：等級

星など天体の明るさは一般に**等級**で測る（単位は mag）．「級」を省いて単に2等，8.5等，−0.8等などともいう（これは「見かけの等級」である）．等級の起源は古代ギリシアの**ヒッパルコス**に遡る．彼は1000個あまりの恒星を記載したヒッパルコス星表で，もっとも明るい星を1等，肉眼でやっと見える星を6等と分類した．1856年にイギリスの**ノーマン・ポグソン**が，この伝統的な尺度を踏襲し，その間には100倍の強度の違いがあるとして等級差の定量的な定義を，

$$m_1 - m_2 = -2.5 \log_{10}(I_1/I_2) \tag{A3}$$

と定めた．これは**ポグソンの式**と呼ばれる．ここで，m は見かけの等級を表し，I はその天体から地球に届く単位面積あたり単位波長あたりのエネルギーである

天体1 ☆　　　天体2 ☆

I_1　I_2

図 A.7　等級測定の概念図

（大気吸収の効果は補正する）．添え字の1と2は比較する二つの天体を表す．係数2.5の前にマイナスがついているのは，見かけが明るい（入射エネルギーが大きい）ものほど等級を小さくする慣例に合わせるためである．

　一般的な等級の基準としてこと座 α 星（ベガ；織女星）を0等星とすることが決まっているので，天体2をベガとして（$m_2 = 0$），天体1を一般化して添え字1を省略すると，

$$m = -2.5 \log_{10} (I/I_{\mathrm{Vega}}) \qquad (\mathrm{A}4)$$

となる．ここで I_{Vega} はベガからの入射エネルギーである．

　理想的には一つの波長 λ における入射エネルギー I_λ を測定して，その波長における等級を

$$m_\lambda = -2.5 \log_{10} (I_\lambda/I_{\lambda,\,\mathrm{Vega}}) \qquad (\mathrm{A}5)$$

とするのが良い．しかし一つの波長における I_λ は弱いために精度良く測れないので，天体の明るさを測る測光観測ではある波長範囲を決めてその範囲に入射するエネルギーの平均値を用いる．その波長範囲を**バンド**と呼ぶ．それらのバンドでの等級を明確に示す場合には，

$$m_{\mathrm{B}} = -2.5 \log_{10} (I_{\mathrm{B}}/I_{\mathrm{B},\,\mathrm{Vega}}) \qquad (\mathrm{A}6)$$

のようにバンド記号をつけて表現する（図 A.8）．あるバンドでの等級は，大雑把には有効波長における等級で近似できる．有効波長とは透過率の重みをつけた平均波長である．異なる観測者による測光や撮像のデータを比較したり，天体の放射の理論モデルと観測データを対応させたりするのに便利なように，標準的なバンドのセット（**測光システム**）か作られている．ここに示した U, B, V, $\mathrm{R_c}$, $\mathrm{I_c}$ からなるシステムの他にも，SDSS システム（u′, g′, r′, i′, z′）や赤外域のシステム

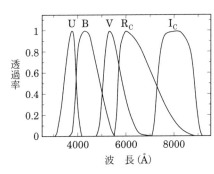

バンド名称	有効波長 （μm）	半値幅 （μm）
U（紫外）	0.36	0.053
B（青）	0.44	0.100
V（黄緑）	0.55	0.083
R_c（赤）	0.66	0.16
I_c（近赤外）	0.81	0.15

図 A.8　バンドの透過率曲線（最大透過率を 1 に規格化してある）と有効波長および半値幅（透過率がピークの半分になるバンド幅）．透過率は入射した天体からの光のうちどれだけが検出器から読み出されるかという値である．フィルターの透過率，望遠鏡などの鏡の反射率，検出器の分光感度などできまる．

（J, H, K）などがある．

A5.3　真の明るさ（絶対等級）と距離指数

　同じ明るさの天体でも距離が異なると見かけの明るさは変わるので，天体の真の明るさは距離を同じにしてはじめて比較できる．このために，天体を10パーセクの距離においたときの見かけの等級を**絶対等級**と定義し，真の明るさの指標として用いる．距離が r（pc: パーセク）にある天体の見かけの等級 m（mag）と絶対等級 M（mag）のあいだには，

$$m - M = 5 \log_{10} r - 5 \tag{A7}$$

の関係がある．絶対等級が分かっている天体があればその見かけの等級を観測してこの式から距離を求めることができる．その意味で $m - M$（mag）を**距離指数**と呼ぶ．この式はその天体からの光が我々に届くまでに**星間吸収**によって暗くならないと仮定しているが，星間吸収 A（mag）がある場合には距離指数は，

$$m - M = 5 \log_{10} r - 5 + A \tag{A8}$$

となる．

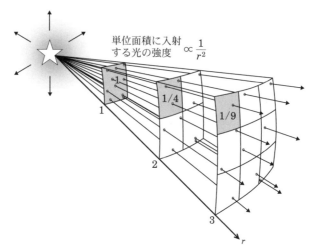

単位面積に入射
する光の強度 $\propto \dfrac{1}{r^2}$

図 A.9　逆 2 乗則の概念図

A6　宇宙の大きさを測る：標準光源と宇宙の距離はしご

　天体までの距離の測定は天文学においてもっとも基本的でかつもっとも難しい問題のひとつである．近距離の天体の距離は三角測量の原理を使う年周視差法で測定される（I-1章コラム参照）．恒星の年周視差の測定は，1989年にヨーロッパ宇宙機関（ESA）が打ち上げた**ヒッパルコス衛星**と，その後継機で2013年に打ち上げられた**ガイア衛星**という二つの位置天文衛星によって画期的な進歩を遂げた．ヒッパルコス衛星以前の地上観測では年周視差の測定精度はおよそ±0.1″程度であり，10％以内の精度で距離が測定された星は1000個に満たなかった．ヒッパルコス衛星は精度を約1ミリ秒に向上させ，距離の誤差が10％以下の星は2万個を超えた．さらにガイア衛星は15億個以上の恒星（銀河系の恒星のほぼ1％）の年周視差を測定した．データは順次公開されている（最新は2020年12月）が（図7.1参照），最終的に最高精度は10マイクロ秒に達し，距離の誤差が10％以下の星は1億個を超えると予想されている．

　年周視差が測定できない遠方の天体に対しては，見かけの明るさが距離の2乗

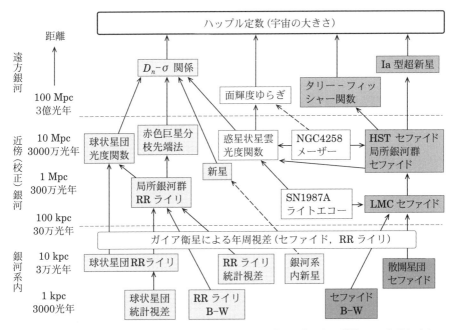

図 A.10　宇宙の距離はしごの概念図．濃い色は種族 I の系列，薄い色は種族 II の系列を示す．
日本天文学会編「インターネット天文学辞典」の図をもとに製作．

に逆比例して暗くなる「逆 2 乗則」を用いて距離を推定する（図 A.9）．そのた
めに用いられる明るさや大きさが分かっている，あるいは推定可能な天体は**標準
光源**といわれる．標準光源の見かけの等級を観測すれば距離指数から距離を求め
ることができる（A5.3 節）．これを**標準光源法**と呼ぶ．

　もっとも古くから用いられた**分光視差法**は，星の**スペクトル型**と HR 図上での
分布（主系列星，巨星など）から星の絶対等級を推定して，見かけの等級と比較
するもので，一般の星を一種の標準光源として用いるものだった．その後，より
精度の高い**セファイド**，**こと座 RR 型変光星**（RR ライリ），**惑星状星雲**，**Ia 型
超新星**などさまざまな標準光源が開拓された．また，銀河全体の明るさを標準光
源と見なすことを可能にする手法（**距離指標関係式**）も開拓された．**タリー－フ
ィッシャー関係**や $D_n-\sigma$ **関係**などである．

　宇宙の大きさを決める**ハッブル定数**の値は，多数の遠方銀河の距離と**後退速度**
の観測から求められる．年周視差法から始まって，距離に応じて利用できるさま

ざまな手法を繋いで遠方銀河までの距離を測る方法は「**宇宙の距離はしご**」と呼ばれる．最近では，**重力レンズ**や**重力波**など従来の距離はしごに頼らない距離決定法も可能になってきた．

A7　電磁波とスペクトル

A7.1　電磁波とはなにか

　電磁波は電場と磁場の振動が互いを誘導し合って空間を伝わる横波である．電場と磁場の振動方向は互いに直交しており，波はその両者に直交する方向に進む．電磁波は，真空中を秒速約30万 km で伝わる．これは 1 秒間で地球を 7 周半回る速度である．電磁波の速度（光速）c と波長 λ と振動数 ν の間には $c = \nu\lambda$ の関係がある．電磁波は，波としての性質（波動性）と粒子としての性質（粒子性）を併せ持っており，波長が長いほど波動性が，短いほど粒子性が顕著になる．電磁波を粒子と見たときには光子と呼ぶ．電磁波（光子 1 個）が運ぶエネルギー E は

$$E = h\nu = hc/\lambda \tag{A9}$$

で表される．ここで h は**プランク定数**である．

　電磁波は，波長によって性質が変わり，また物質との相互作用の仕方が変わるので，一般には波長帯ごとに異なった名前で呼ばれる．波長の短い方（エネルギーが高い方）から順に，ガンマ線，X 線，紫外線，光（可視光），赤外線，電波と呼ばれ，そのなかでさらに細分化されることもある．光は，人間の目で認識できる波長の電磁波であるので可視光とも呼ばれる．人間は，その視覚で捉えることのできるもっとも短い波長の光を紫色，以下，波長が長くなる順に，藍色，青色，緑色，黄色，橙色，赤色と認識する（図 A.11）．

A7.2　大気の窓と観測サイト

　宇宙からはあらゆる波長の電磁波が地球に届く．しかしそれらのほとんどは図 A.12 に示すように地球大気に吸収され地表までは届かない．地表まで届くのは

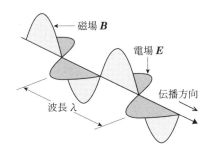

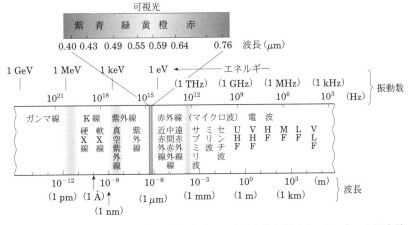

図 A.11　電磁波の概念図（上）と名称（下）. 日本天文学会編「インターネット天文学辞典」より転載.

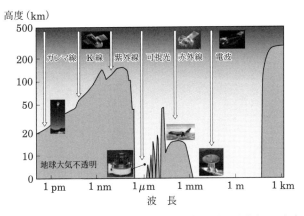

図 A.12　大気の窓. 可視光と電波（と赤外線のごく一部）以外の電磁波は，色をつけた部分の上の境界に到るまでに地球大気に吸収され，地表までは到達しない.

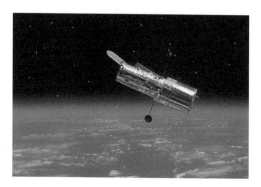

図A.13　ハッブル宇宙望遠鏡

可視光線と電波及び赤外線の一部のみである．この波長帯は「**大気の窓**」と呼ばれる．地表に届かない電磁波を観測するには人工衛星などに望遠鏡を搭載して，大気の外から観測しないといけない．天文学分野では人工衛星に搭載された望遠鏡は**宇宙望遠鏡**と呼ばれることがある（これに対して地上から観測する望遠鏡は地上望遠鏡と呼ぶ）．

　地上まで届く可視光や近赤外線の観測においても，水蒸気による吸収や大気の擾乱の影響を受けるため，地上望遠鏡は高山や乾燥地帯に設置されることが多い．地上望遠鏡による赤外線観測では，地球大気そのものが強力な赤外線の放射源となることも考慮しなければならない．

　1990年にアメリカの NASA によって打ち上げられた**ハッブル宇宙望遠鏡**（HST: 図 A.13）は，口径2.4 m と決して大口径望遠鏡ではないものの，地球の大気に影響されない鮮明な天体の姿を数多く捉えることに成功した．特に，ハッブルディープフィールドと呼ばれる遠方宇宙の姿は，特筆すべきものである．地球大気に影響されないという利点を最大限活かすために，太陽系外惑星探査専用の**ケプラー衛星**や **TESS 衛星**（いずれも NASA が打ち上げ）のように可視光の宇宙望遠鏡も登場している．

A7.3　スペクトル

　光をプリズムなどで波長（色）ごとに分けて（分光して）強度を示したものを**スペクトル**という．光の強度が波長に対してなめらかに変化するものは**連続スペ**

クトル，特定の波長で特に強かったり弱かったりする部分を含むものは**線スペクトル**と呼ぶ．強い部分は**輝線**，弱い部分は**吸収線**で，合わせて**スペクトル線**と呼ばれる．

A7. 4　連続スペクトルと線スペクトル

連続スペクトルは荷電粒子が加速度運動するときに放射される．天体が連続スペクトルを放射するおもな過程には，黒体放射，**熱制動放射**，**シンクロトロン放射**，**逆コンプトン散乱**の4つがある．星からの放射は黒体放射で近似できるので，黒体放射は天文学ではもっとも基礎となる放射でありA8節にやや詳しく述べる．

星間ガスの密度は地球上では再現できないくらい低く，大質量星や超新星爆発によって加熱された星間ガスは，電離してプラズマになる．プラズマ中の電離した原子と**自由電子**は激しく熱運動しているが，電子がイオンの近くを通ると軌道が曲げられて連続スペクトルが放射される．これを熱制動放射という（図A.15左）．また，荷電粒子が磁場の中で高速運動する場合，荷電粒子には**ローレンツ力**が働く．これによって荷電粒子は磁場に巻き付くような螺旋運動を行う．この加速度運動によって連続スペクトルが放射される．これをシンクロトロン放射ま

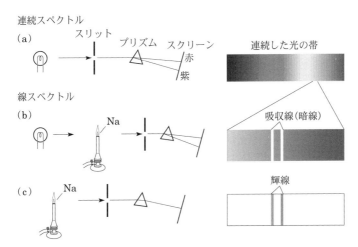

図 A.14　連続スペクトル，吸収線，輝線の概念図．『天文学辞典』（日本評論社）より転載．

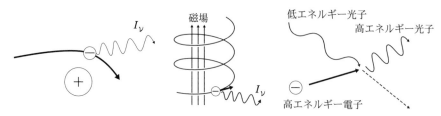

図 A.15　熱制動放射（左），シンクロトロン放射（中），逆コンプトン散乱（右）のイメージ図

たは磁気制動放射という（図 A.15中）．低エネルギーの光子は，高温プラズマ
中の高エネルギー電子からエネルギーを得て，高エネルギーの光子となる．この
作用を逆コンプトン散乱と呼ぶ（図 A.15右）．これも連続スペクトルの放射機
構の一つである．
　線スペクトルは，原子に束縛された電子が，異なる**エネルギー準位**間を遷移し
たり（図 A.16），分子が振動エネルギー（図 A.17左）や回転エネルギー（図

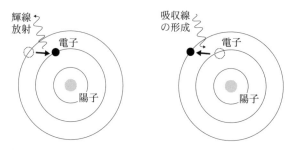

図 A.16　電子の遷移による輝線（左）と吸収線（右）の形成

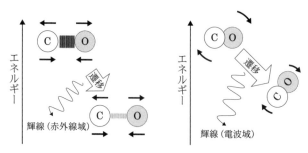

図 A.17　分子の振動エネルギー（左）および回転エネルギー（右）間の遷移のイメージ図

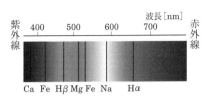
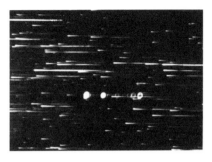

図 A.18　太陽のスペクトル（左）と環状星雲（M57）（4章図4.9）の**対物プリズムスペクトル**（右）

A.17右）の異なる準位間を**遷移**したりするときに形成される．輝線はエネルギーの高い準位から低い準位に遷移する場合に，また吸収線は，原子や分子が特定の波長の電磁波を吸収して低い準位から高い準位に遷移するときに形成される．吸収線の形成と輝線の放射は同じエネルギー遷移現象の表と裏なのである．放射される輝線あるいは発生する吸収線の波長 λ（振動数 ν）と二つの準位のエネルギー E_1 と E_2（$> E_2$）の間には

$$E_2 - E_1 = h\nu = hc/\lambda \tag{A10}$$

の関係がある．ここで h はプランク定数，c は光速度である．

　太陽のスペクトルをよく見ると，連続スペクトルに加えて，特定の波長に黒い吸収線（**フラウンホーファー線**）が見られる（図 A.18左）．また，惑星状星雲や**超新星残骸**のスペクトルには，特定の波長でのみ強く輝く輝線が多く見られる（図 A.18右）．

　さらに，宇宙にもっとも大量に存在する水素原子中の電子のスピンに由来するスペクトル線がある．中性水素原子は原子核（陽子）1個に電子1個が結合している．陽子と電子は1/2の**スピン角運動量**を持っているが，両者の向きが同じ（平行）である状態の方が反対である状態よりわずかにエネルギーが高い．この準位間の遷移が，波長21 cm（周波数1420 MHz）のスペクトル線に対応し，**21 cm 線**と略称される（図 A.19）．

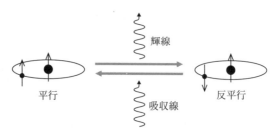

図 A.19　水素原子の21 cm 線の放射と吸収

A8　黒体放射

　入射する電磁波をすべての波長にわたって完全に吸収し，また自らも電磁波を放射できる仮想的な物体を**黒体**といい，黒体からの熱放射を黒体放射という．黒体放射は放射と物質が熱平衡状態にあるときに観測される．黒体放射のエネルギー分布は黒体の温度だけで決まり，次式の**プランクの法則**で表される．

　絶対温度 $T[\mathrm{K}]$ の黒体から単位面積を通して単位時間，単位立体角，単位周波数あたり放射されるエネルギー密度は，周波数 ν あるいは波長 λ の関数としてそれぞれ次の式で与えられる．

$$B_\nu(T) = \frac{2h\nu^3}{c^2}\frac{1}{\exp\!\left(\dfrac{h\nu}{k_\mathrm{B}T}\right)-1}\quad [\mathrm{J\,s^{-1}m^{-2}Hz^{-1}sr^{-1}}] \tag{A11}$$

$$B_\lambda(T) = \frac{2hc^2}{\lambda^5}\frac{1}{\exp\!\left(\dfrac{hc}{k_\mathrm{B}T\lambda}\right)-1}\quad [\mathrm{J\,s^{-1}m^{-2}m^{-1}sr^{-1}}] \tag{A12}$$

ここで，ここで，h はプランク定数，k_B は**ボルツマン定数**，c は光速度であり，$c = \nu\lambda$ の関係がある．図 A.20にプランクの法則の例を示す．プランクの法則（プランク関数）のグラフは，表されているものが $B_\nu(T)$ か $B_\lambda(T)$ か（横軸が周波数 ν か波長 λ か），また目盛が線形目盛か対数目盛かなどによって，見え方が大きく変わることに注意する．

　黒体は高温になるほど波長の短い電磁波を多く放射する．絶対温度 $T[\mathrm{K}]$ の黒体放射 $B_\lambda(T)$ の強度が最大となる波長を λ_max とすると，

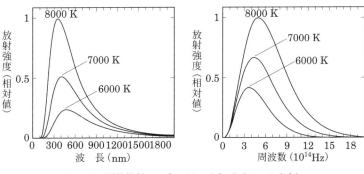

図 A.20　黒体放射のエネルギー分布（プランク分布）

$$\lambda_{max} T = 2.898 \times 10^{-3} \,[\text{m}] \tag{A13}$$

となる．この関係を**ウィーンの変位則**とよぶ．

黒体がその表面の単位面積から単位時間あたりに前方（2π ステラジアン）に向けて放射する全エネルギー E_{bb} は，**シュテファン-ボルツマン定数** σ を用いて，

$$E_{bb} = \sigma T^4 \tag{A14}$$

と表される．これは**シュテファン-ボルツマンの法則**と呼ばれる．

通常の物質は同じ温度にある黒体よりも放射も吸収も少ない．両者の比を放射率 ε とよび，物質に応じて，また波長に応じて $0 - 1$ の間の値をとる．黒体は $\varepsilon = 1$，すべての電磁波を完全に反射する物体は $\varepsilon = 0$ である．

A9　ドップラー効果

救急車が通り過ぎるときのサイレンの音や，電車の車内から通り過ぎる踏切の音を聞くと，近づくときに高く，遠ざかるときには低く聞こえる．このように，運動状態によって音の高低が変化する（音の大きさの変化ではない）現象を**ドップラー効果**という．これは音が波であり，観測者と音源が相対的に近づく（遠ざかる）ならば一秒間に受け取る波の数が増える（減る）ことが原因である．

光も波の性質をもつので，ドップラー効果を示す．観測者と光源が相対的に近づく（遠ざかる）ならば1秒間に受け取る波の数が増える（減る）ので，色が青の方に（赤の方に）シフトする．それぞれ**青方偏移・赤方偏移**と呼ばれる．

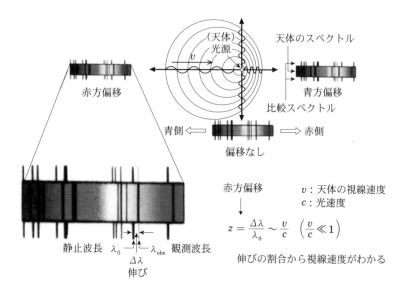

図 A.21　ドップラー効果の説明図（下段は赤方偏移の場合）．日本天文学会編「インターネット天文学辞典」より転載．

　天体のスペクトル中の吸収線や輝線の波長のずれから天体と観測者の視線方向の相対速度を知ることができる．赤方偏移の場合，天体から届く光のスペクトル線の波長（λ_{obs}）は実験室での静止波長（λ_0）よりも波長が伸びて観測される．この波長の伸びを$\Delta\lambda$とすると，天体が我々から遠ざかる速度（視線速度）vは光速度cに比べて小さい（$v/c \ll 1$）場合には近似的に次の式から求めることができる．

$$\Delta\lambda/\lambda_0 \sim v/c \tag{A15}$$

音波などの媒質を伝わる波と（特殊相対性理論に基づく）電磁波では周波数／波長変化を計算する式がわずかに異なる．

　ハッブル–ルメートルの法則は「遠方の銀河ほど距離に比例した速い速度で我々から遠ざかる」ことを述べているが，これは遠方の銀河ほど大きな赤方偏移を示すことから導かれたものである．しかし，遠方銀河が遠ざかっているように見えるのは，宇宙が膨張しているためであり，空間の中を救急車などの物体が運動するのとは違う現象である．遠方銀河の示す赤方偏移は宇宙論的赤方偏移と呼

んで，ドップラー効果による運動学的赤方偏移とは区別される．また，ブラック
ホール周辺から放射される光が示す赤方偏移は重力赤方偏移と呼ばれる．

A10　天体望遠鏡

A10.1　屈折望遠鏡と反射望遠鏡

　最初に発明された**望遠鏡**は，二枚のレンズを筒で支え，光を屈折させることで
物体の拡大像を見せる**屈折望遠鏡**であった．物体側におくレンズを対物レンズ，
目の側におくレンズを接眼レンズと呼ぶ．屈折望遠鏡には，凸レンズと凹レンズ
を組み合わせた**ガリレオ式望遠鏡**と，対物，接眼レンズともに凸レンズを用いた
ケプラー式望遠鏡がある（図 A.22）．ケプラー式は像が上下左右反転する（倒
立像となる）ので地上の景色を見るには不便だが，天体を見る場合には倒立像で
もさほど問題ない．そこで，ガリレオ式より視野が広く明るいケプラー式が今日
多くの屈折式の天体望遠鏡で用いられている．

　光の**屈折率**は色によって異なるため，屈折望遠用ではピントが合う場所が色に
よって違ってしまうという問題点（**色収差**）があった．屈折望遠鏡の色収差の問
題は，18世紀の中頃に，**色消しレンズ**が登場することで解決された．色消しレン
ズとは，異なる屈折率を持つ材料からなるレンズを組み合わせることで，色収差

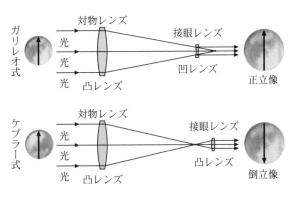

図 A.22　ガリレオ式とケプラー式の屈折望遠鏡

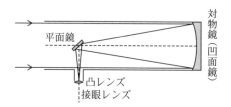

図 A.23　ニュートン式反射望遠鏡の原理

を補正できるレンズである.

　一方，**アイザック・ニュートン**は1670年頃にレンズによる屈折ではなく，鏡による反射で光を集めることによって，色収差の問題点を克服した（図 A.23）. 焦点面をのぞき込む観測者によって入射光が遮られないよう，鏡筒の中に平面鏡を斜めにおいて焦点を鏡筒の外に出す工夫をしたのである.

　今日，市販されている小型天体望遠鏡の中には，取り扱いが簡単なケプラー式屈折望遠鏡か，比較的安価で大口径が手に入れられるニュートン式反射望遠鏡の他に，両者の長所を生かしたシュミット・カセグレン式などさまざまなタイプがある. 目的に合わせて購入する必要があるが，カタログやネット情報のみならず，実際に使っている人の意見を聞いたり，専門的な望遠鏡販売店で実物に触れたりして，それぞれの長所短所を理解した上で購入したい.

A10.2　望遠鏡架台の種類

　望遠鏡は天球上の任意の天体に向けることができ，一旦向けたらその天体の日周運動を精密に追尾する必要がある. このため望遠鏡の鏡筒は二つの軸に支えられた**架台**に載せられる. 架台には大きく2つの形式がある. 赤道座標（A2.2節）に沿って動く**赤道儀**と，地平座標（A2.1節）に沿って動く**経緯台**である. さらに赤道儀には，バランスの取り方によってさまざまな様式がある（図 A.24）.

　赤道儀は地球の自転軸と平行な極軸とそれに垂直な赤緯軸で鏡筒を支える. 目的の天体を導入したら，極軸を地球の自転と同じ速度で反対向きに回転させれば日周運動を追尾できる. 赤道儀は焦点面で視野回転がなく，1軸の定速駆動でよいので制御は簡単である. しかし日周運動とともに鏡筒の姿勢が重力の向きに対して変わるので，構造変形の観点からあまり重量の重い望遠鏡には向かない.

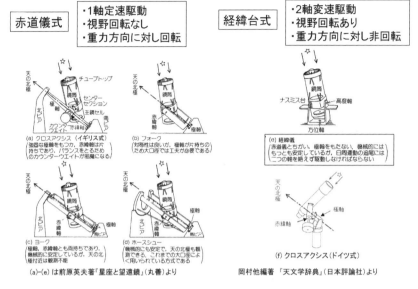

図A.24　望遠鏡のさまざまな架台形式. 日本天文学会編「インターネット天文学辞典」より転載.

　これに対して経緯台は鉛直に立つ方位軸とそれと垂直な高度軸で鏡筒を支える. 天体の追尾には2軸を変速駆動（コンピュータ制御が必要）させることが不可欠で, かつ焦点面で視野が回転するという不便さがある一方で, 鏡筒に対する重力の向きはつねに同じなので構造の変形を制御しやすい. 追尾にともなう視野回転は, 観測装置を回転させる（インスツルメントローテータ）か, あるいは光路に挿入した光学系（イメージローテータ）で補償する. **すばる望遠鏡**をはじめ現代の大型望遠鏡はすべて経緯台である.

A10.3　反射望遠鏡の大口径化の歴史

　反射望遠鏡は比較的大型化に向いており, **ウイリアム・ハーシェル**は口径126cmの望遠鏡を作り, それを使って1789年に天王星を発見した. 1840年代には第3代**ロス卿**のウイリアム・パーソンズがアイルランドで, 口径36インチや72インチ（183cm）など集光力の大きい高倍率の反射望遠鏡を使って星雲や星団の観測を行い, 銀河の渦巻き構造を記録した. とくに, 後者の望遠鏡は「リバイアサ

ン（怪物）」と呼ばれ，今も遺構としてその姿をとどめている．

　ロス卿の反射鏡は銅と錫の合金で重く，反射率が低くかつすぐに表面が曇るので，頻繁に再研磨する必要があった．19世紀中頃に銀メッキの技術が生まれてから，ガラスの表面に銀メッキをした反射鏡が用いられるようになり軽量化と同時に反射率も大幅に向上した．しかし銀メッキも酸化が早く反射率がすぐに低下するという欠点を持っていた．その後，酸化しにくいアルミニウムを真空容器の中で蒸発させてガラス表面につける真空蒸着メッキの手法が開発されて，現代の反射望遠鏡への道が開かれた（屈折望遠鏡も大型化が進んだが，1897年にアメリカのヤーキス天文台に設置された対物レンズの口径1mのものが現在でも世界最大である）．

　金属に比べれば軽くなったとはいえ，ガラスの反射鏡も大きくなれば相当な重さになり，さまざまな方角に向けるときに自らの重さによる変形（自重変形）が起きて鮮明な像が得られない．自重変形を避けるためにはガラスの直径と厚みの比を6倍程度にする必要があったため，ここでも再び重量の制限から口径の限界が決まることになった．1948年に完成したパロマー天文台の200インチ（5m）ヘール望遠鏡は，鏡の裏に空洞を蜂の巣のように作るハニカム鏡[1]という技術で軽量化を成功させた．この望遠鏡では他にも，鏡筒のたわみの影響を克服するセルリエトラス構造，軸のなめらかな回転を実現する静圧軸受け，重い鏡筒を支えるホースシュー式架台，主焦点のコマ収差補正用レンズ（ロスレンズ）などその後の大型望遠鏡に不可欠な多くの技術が開発され実用化された．

　1976年に旧ソ連がヘール望遠鏡をしのぐ口径6mの経緯台式望遠鏡を建設したが，いろいろな不具合により所期の性能を実現することはできず，世界的には安定して高性能を発揮する4m級の望遠鏡が次々と建設された．さらに口径を飛躍的に増大する8m級の軽量鏡は，ヘール望遠鏡から40年以上経ってようやく実現した．口径10mの2台のケック望遠鏡（1993, 96年完成）が採用した分割鏡（モザイク鏡ともいう）と日本のすばる望遠鏡（8.2m，1999年完成）やヨーロッパ南天天文台（ESO）のVLT（Very Large Telescope: 8m，1998-2000年）[2]が採用

1）多数の空洞を持つガラス材が蜂の巣（honeycomb）のように見えることからこの名がついた．
2）1998-2000年にかけて完成した口径8mの望遠鏡4台からなる．

図 A.25　ケック望遠鏡のモザイク主鏡（左）とすばる望遠鏡の薄メニスカス鏡の1部（右）．右図では，アルミ蒸着されていない状態なので，裏から鏡を押し引きするアクチュエータ（全部で261本）が見える．

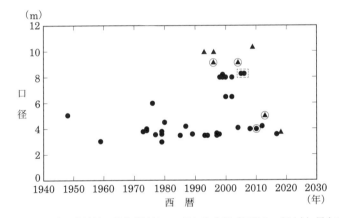

図 A.26　世界の可視光・赤外線の地上望遠鏡の口径と完成年（口径3m以上）．黒丸は1枚鏡，黒三角は分割鏡を示す．白丸で囲んだものは固定式で観測天域が限られている．破線で囲んだ2つの黒丸は8.3mの鏡を二つ同じ架台に搭載した巨大双眼望遠鏡（LBT）．

した**薄メニスカス鏡**である．分割鏡は小さなユニット（セグメント鏡）を並べて全体として1枚の鏡として機能させるもので，詳細な位置制御が必要となる（図A.25左）．薄メニスカス鏡は厚みを極力減らして軽量化し，自重変形の変形量を測定して鏡の裏にあるアクチュエータで押し引きすることで正確な鏡面を保つ（図 A.25右）．このためには精密な力制御が必要である．ちなみに口径8.2mのすばる望遠鏡の主鏡の厚みは20cmしかない．いずれの方式も光の波長レベルの精度で鏡面の形状を測定する精密測定技術と，それに対応できる鏡の精密制御技

図 A.27 日本初の分割鏡を用いた
口径3.78 m のせいめい望
遠鏡．経緯台方式である
が，斬新な軽量化技術が
使われている．

術が可能になった1990年代にはじめて実現した．図 A.26に世界の大望遠鏡の口径と完成年を示す．2018年に完成した口径3.78 m の**せいめい望遠鏡**は我が国で初めての分割鏡である．

　口径4 m 級望遠鏡の時代が20年続いた後に8-10 m 望遠鏡のラッシュが来て，再び4 m 級の望遠鏡も出現し始めている．現在は口径39 m の欧州超大型望遠鏡（**E-ELT**），30 m の **TMT** など30 m 級の次世代望遠鏡が建設中である．

あとがき

　さてみなさん，いかがでしたでしょうか．本書は「天体や宇宙，諸現象のすばらしさを知り，それらを研究することの価値を認め，さらにそのことを人に伝えたい」という方に読んでほしい，役立ててほしいという願いを込めて，第一線で活躍する天文学・宇宙科学の研究・教育者が共同執筆しました．

　ことの起こりは2008年に，文部科学省が日本学術会議に「大学教育の分野別質保証の在り方に関する審議」を依頼してきたことからです．ご承知のように，高校までは「学習指導要領」によって各科目の履修内容が細かく定められているものの，大学では，大学あるいは教員の裁量によって履修内容が決められています．しかし，近年の大学進学率の向上に伴い，「大学教育の質保証」を一般社会や経済界から求められるようになりました．そこで日本学術会議は，分野毎で卒業生に期待される能力，知識，素養を，「参照基準」としてとりまとめ，順次，作成・公開してきました．

　天文学・宇宙科学分野は，物理学分野と合同で「物理学・天文学分野の参照基準」を2016年に作成・公開しました．その執筆過程で，天文学・宇宙科学の教育は，専門研究分野はもとより文系も含めた大学生の教育に有効であり高い価値があることが再確認されました．そこで，日本天文学会が「大学における天文学教育」全般を視野に入れ，「天文学のすすめ」と「大学で学ぶ天文学」を作成し，2021年に公開しました．さらに公開する過程で，「大学教育以外の社会啓発活動にも重点を置いて，教科書のような体裁で記述してはどうか」との指摘が多く寄せられ，今回の執筆に至りました．

　天文学・宇宙科学の教育と社会啓発活動に本書が使われ，豊かな社会や文化の発展に幾分かの寄与をすることを願ってやみません．

2022年1月

芝井　広

参考文献・参考 web サイト

本書全体に関するもの

本書で太字で表されている用語は，日本天文学会編「インターネット天文学辞典」に掲載されています．この辞典は天文・宇宙に関する3000以上の用語を専門家がわかりやすく解説しています．登録は不要で無料でだれでも利用できます．https://astro-dic.jp/

日本天文学会　「天文学のすすめ」
　https://www.asj.or.jp/jp/epo/encouragement/

日本天文学会　「大学で学ぶ天文学」
　https://www.asj.or.jp/jp/epo/encouragement/item/Astronomy_in_Universities.pdf

マシュー・マルカン・ベンジャミン・ザッカーマン編，岡村定矩訳『6つの物語でたどるビッグバンから地球外生命まで——現代天文学の到達点を語る』，日本評論社，2021

シリーズ現代の天文学（全18巻），日本評論社

第Ⅰ部

第1章

岡村定矩・池内了・海部宣男・佐藤勝彦・永原裕子編『人類の住む宇宙（第2版）』シリーズ現代の天文学　第1巻，日本評論社，2017

第2章

桜井隆・小島正宜・小杉健郎・柴田一成編『太陽（第2版）』シリーズ現代の天文学　第10巻，日本評論社，2018

柴田一成・大山真満・浅井歩・磯部洋明著『最新画像で見る太陽』，ナノオプトニクス・エナジー出版局，2011

自然エネルギー財団 https://www.renewable-ei.org/statistics/international/

第3章

井田茂・渡部潤一・佐々木晶編『太陽系と惑星（第2版）』シリーズ現代の天文学　第9巻，日本評論社，2021

準惑星問題に関する日本学術会議の「対外報告」，2007

http://www.scj.go.jp/ja/info/kohyo/pdf/kohyo-20-t35-1.pdf

http://www.scj.go.jp/ja/info/kohyo/pdf/kohyo-20-t39-3.pdf

第 4 章

野本憲一・定金晃三・佐藤勝彦編『恒星』シリーズ現代の天文学 第 7 巻，日本評論社，2009

加藤万里子著『100億年を翔ける宇宙（新版）』，恒星社厚生閣，1998

Michal A. Seeds, Dana E. Backman 著，有本信雄監訳『最新天文百科』，丸善出版，2010

Arthur N. Cox 編，*Allen's Astrophysical Quantities* 4th edition, 2000

尾崎洋二著『宇宙科学入門』，東京大学出版会，2010

尾崎洋二著『星はなぜ輝くのか』，朝日選書，2002

福江純・沢武文・高橋真聡編『極・宇宙を解く』，恒星社厚生閣，2020

天文宇宙検定委員会編『天文宇宙検定公式テキスト 2 級』，恒星社厚生閣，2021

第 5 章

福井康雄・犬塚修一郎・大西利和・中井直正・舞原俊憲・水野亮編『星間物質と星形成』シリーズ現代の天文学 第 6 巻，日本評論社，2008

福江純・沢武文・高橋真聡編『極・宇宙を解く』，恒星社厚生閣，2020

第 6 章

井田茂・渡部潤一・佐々木晶編『太陽系と惑星（第 2 版）』シリーズ現代の天文学 第 9 巻，日本評論社，2021

田村元秀著『太陽系外惑星』新天文学ライブラリー 1，日本評論社，2015

佐藤文衛・綱川秀夫著『宇宙地球科学』，講談社，2018

成田憲保著『地球は特別な惑星か？』，講談社，2020

第 7 章

谷口義明・岡村定矩・祖父江義明編『銀河 I——銀河と宇宙の階層構造（第 2 版）』シリーズ現代の天文学 第 4 巻，日本評論社，2018年

祖父江義明，有本信雄，家正則編『銀河 II——銀河系（第 2 版）』シリーズ現代の天文学 第 5 巻，日本評論社，2018年

E. P. Hubble, *The Realm of the Nebulae.* New Haven, Yale University Press, 1936（邦訳：エドウイン・ハッブル著，戎崎俊一訳『銀河の世界』，岩波文庫，1999）

E. P. Hubble, Extragalactic Nebulae, 1926, *ApJ*, 64, 321

E. P. Hubble, *Cephids in spiral nebulae*,1925, Observatory, 48, 139

G. de Vaucouleurs *et al.*, *The 3rd Reference Catalogue of Galaxies*, 1991, Springer

R. Delgado-Serrano *et al.*, How was the Hubble sequence 6 Gyr ago?, 2010, *A&A*, 509, A78

P. Hickson, Systematic properties of compact groups of galaxies, 1982, *ApJ*, 255, 382

谷口義明著『天の川が消える日』，日本評論社，2018

J. Kormendy, R. Bender, A proposed revision of the Hubble sequence for elliptical galaxies, 1996,

ApJ, 464, L119

第8章

岡村定矩・池内了・海部宣男・佐藤勝彦・永原裕子編『人類の住む宇宙（第2版)』シリーズ
現代の天文学　第1巻，日本評論社，2017

真貝寿明著『現代物理学が描く宇宙論』，共立出版，2018

真貝寿明著『ブラックホール・膨張宇宙・重力波———一般相対性理論の100年と展開』，光文社
新書，2015

第9章

小山勝二・嶺重慎編『ブラックホールと高エネルギー現象』シリーズ現代の天文学　第8巻，
日本評論社，2007

柴田大著『一般相対論の世界を探る』，東京大学出版会，2007

嶺重慎著『ファーストステップ——宇宙の物理』，朝倉書店，2019

第10章

岡村定矩・池内了・海部宣男・佐藤勝彦・永原裕子編『人類の住む宇宙（第2版)』シリーズ
現代の天文学　第1巻，日本評論社，2017

和南城伸也著『なぞとき宇宙と元素の歴史』，講談社，2019

田中雅臣著『星が「死ぬ」とはどういうことか』，ベレ出版，2015

野本憲一編『元素はいかにつくられたか』，岩波書店，2007

第Ⅱ部

第1章

村上陽一郎著『あらためて教養とは』，新潮文庫，2009

トーマス・クーン著『科学革命の構造』，みすず書房，1971

岡村定矩・池内了・海部宣男・佐藤勝彦・永原裕子編『人類の住む宇宙（第2版)』シリーズ
現代の天文学　第1巻，日本評論社，2017

福島登志夫編『天体の位置と運動（第2版)』シリーズ現代の天文学　第13巻，日本評論社，
2017

第2章

梶田隆章・真行寺千佳子・永原裕子・西原寛ほか編『新しい科学3』（検定教科書)，東京書
籍，2021

国立天文台ほしぞら情報　https://www.nao.ac.jp/astro/sky/

国立天文台暦計算室　https://eco.mtk.nao.ac.jp/koyomi/

第3章

家正則・岩室史英・舞原俊憲・水本好彦・吉田道利編『宇宙の観測 I——光・赤外天文学（第2版)』シリーズ現代の天文学　第15巻，日本評論社，2017

中井直正・坪井昌人・福井康雄編『宇宙の観測 II——電波天文学（第2版)』シリーズ現代の天文学　第16巻，日本評論社,2020

井上一・小山勝二・高橋忠幸・水本好彦編『宇宙の観測 III——高エネルギー天文学（第2版)』シリーズ現代の天文学　第17巻，日本評論社，2019

▎章末問題の解答

第Ⅰ部

第1章

1. ①宇宙には数多くの銀河が存在しており，そのうちの一つである天の川銀河（銀河系）の中に太陽系は存在している．天の川銀河内のみでも太陽のような恒星は1千億個以上存在し，恒星の周囲に惑星も次々と見つかっている．太陽系の中にも地球のような岩石惑星は複数あるので，地球は宇宙の中で特別な惑星とはいえないだろう．

　②人類は宇宙をまだ十分理解していないが，地球のような生命が宿る惑星は今現在は唯一，地球のみであり，太陽系内でも天の川銀河内でも，生命の宿る惑星はまだ見つかっていないので，地球は特別な惑星といえるかもしれない．

2. 宇宙空間内での銀河の分布を見ると，銀河が密な場所（超銀河団，銀河団）や疎な場所（ボイド）などが見て取れる．銀河が密な場所同士はフィラメント状につながり，全体として，銀河が少ない部分を多い部分が包む泡状の構造ともいえそうだ．

第2章

毎日3個のCMEを放出し続けたとすると，1年間に放出されるCMEの全質量は，10^{12}[kg]×3[個/日]×365[日/年] ≒ 10^{15}[kg]．太陽の寿命100億年間に毎日3個のCMEが放出したとすると，放出される全質量は，10^{15}[kg]×10^{10}[年] = 10^{25}[kg]．よって，太陽の質量に対するCMEで放出される全質量の割合は，$10^{25}/10^{30}×100 = 10^{-3}$%（= 0.001%）．CMEで宇宙空間に質量を放出していても，太陽の質量には大きな変化はないことが分かる．

第3章

月はジャイアントインパクトによってできたと考える．まず，地球の自転は月との間の潮汐摩擦によって次第に遅くなっているので，月がなかったなら地球の自転速度は今より速いはずである．地球の地軸（自転軸）は公転軌道面に対して23.4°（赤道傾斜角）傾いているが，これもジャイアントインパクトの結果かもしれない．そうだとすれば四季のあり方も現在と違っている可能性がある．また，月がないと地球の赤道傾斜角は安定しないと考えられている．

第4章

1. おおよそ次ページの図Aに示すような経路となる．赤色巨星で，ヘリウムの核融合が始まると，少し主系列星のほうへ移動する．その後，中心部のヘリウムがなくなり，ヘリウムの核融合が殻状に起こり始めると，もう一度右上へと移動する．

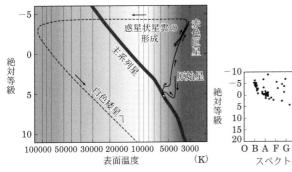

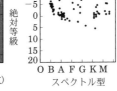

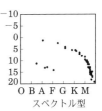

図A　太陽の一生

図B　明るい星（左）と太陽近傍の星（右）
　　　のHR図

2．おおよそ図Bのように，左が明るい恒星，右が太陽近傍星のHR図となる．明るい恒星のHR図では，太陽（G型星）より高温の主系列星や明るい巨星が多くみられ，白色矮星はない．一方，太陽近傍星のHR図には，太陽より低温の星が多く白色矮星はあるが，巨星は存在しない．また，主系列星でみると質量が軽いほど数が多く存在することがわかる．

3．星団XのHR図には主系列星が多く，星団YのHR図には主系列だけでなく巨星など多様な恒星がみられる．星団内の恒星はほぼ同じ年齢をもつとみなせるため，質量の大きいつまり明るい星ほど進化が早く，主系列を早く離れる．このことに着目すると，星団内の星々のHR図からその星団の年齢を推測することができる．たとえば，明るい主系列星が多く残っている星団ほど年齢が若く，暗い主系列星しか残っていない星団は年齢が大きい．したがってXが若い散開星団，Yが年老いた球状星団と考えられる．

4．約600億年．これは，宇宙の年齢よりも長い．このような質量の小さい星の場合，生まれてから寿命を迎えた星がまだ宇宙に存在しない．

第5章

1．原始星の主要なエネルギー源は，ガスが星に落下したり星が自ら収縮したりするときの重力エネルギー．主系列星のエネルギー源は，中心部で水素がヘリウムに変わる核融合反応のエネルギーである．

2．分子雲コアの大きさ：$0.1\,\mathrm{pc} \sim 10^4\,\mathrm{au}$，太陽の大きさ：$2R_\odot \sim 0.01\,\mathrm{au}$であるため，スケールがおよそ100万倍異なる．

3．宇宙で最初に誕生した星には，酸素，マグネシウム，ケイ素，鉄などの重元素が含まれていなかった．それらの重元素は星の中で生成されたのち，星間物質に還元されるためである．一方，地球はおもにそのような重元素により構成されている．よって，宇宙で最初に

誕生した星の周囲には，地球のような惑星は形成されなかったと考えられる.

4．ウィーンの変位則から，

分子雲（10 K）：290 μm（0.29 mm）遠赤外線もしくはサブミリ波，原始惑星系円盤（300 K）：9.7 μm 中間赤外線，Tタウリ型星（3000 K）：0.97 μm 近赤外線（天文学では1 μmまでを可視光と扱うためぎりぎり可視光ともいえる），太陽（5800 K）：0.5 μm 可視光

5．約10個.

第6章

1．式(6.2)に太陽と各惑星の質量，各惑星の公転周期（表3.1参照）をそれぞれ代入してKを計算する．軌道傾斜角は90度と仮定する．太陽と木星の系の場合は$K = 12.5$ m/s，太陽と地球の系の場合は$K = 8.9$ cm/s.

2．式(6.3)に太陽と各惑星の半径（表3.1参照（I-3.2節））を代入して計算する．木星の場合は1 %，地球の場合は0.008 %.

第7章

XDF が観測した天域の広さは2.3分角×2.0分角である．1分角は1/60度（°）に相当するので，天域の広さは0.00128平方度である．この天域に5500個の銀河が見つかった．全天の広さは4万平方度なので，銀河の総数は次のように計算できる.

$$N_{銀河} = 5500個×40000平方度/0.00128平方度$$
$$= 1.72×10^{11}個$$

XDF では暗めの銀河は観測されていない．このことを考慮に入れると，宇宙全体にある銀河の個数はもう一桁以上は多いだろう．したがって，10^{12}個，つまり約1兆個であるとしてよい.

では，宇宙全体にある星の個数は何個になるだろうか？天の川銀河（銀河系）の場合は，約2000億個の星がある．仮に，1個の銀河に1000億個の星があるとすれば，宇宙全体にある星の個数は，$N_{星} = 1$兆個（宇宙にある銀河の総数）×1000億（星の個数/銀河）$= 10^{23}$個になる．もし，1個の星に10個の惑星があると，宇宙全体にある惑星の個数は，$N_{惑星} = 10^{23}$（宇宙にある星の総数）×10（惑星の個数/星）$= 10^{24}$個になる．地球はその中の1個にしか過ぎない．よくぞ，私たちはこの地球に生まれたものである.

第8章

1．式(8.5)より$\frac{\lambda_{obs}}{\lambda_S} = 1 + z$，式(8.9)から$\frac{\lambda_{obs}}{\lambda_S} = \frac{c+v}{c} = 1 + \frac{v}{c}$．両者より，$v = cz$を得る.

2．夜空が暗い理由として，次の3つが挙げられる.

・宇宙が膨張していることから，星の数は遠距離に行くほど距離の2乗に比例して増えるわけではない.

・宇宙に年齢があるので無限に遠方までの星の光が届くわけではない.

・遠方の銀河からの光が赤方偏移することで, 光のエネルギーは本来の光のものよりも小さくなる.

3. いま, 銀河の質量を m とする. 銀河の運動エネルギーは, $K = \frac{1}{2}mv^2 = \frac{1}{2}m(H_0 r)^2$ であり, 銀河の位置での万有引力によるエネルギー U は, $U = -GMm/r$ となる. この銀河が無限遠でも速度 v_∞ で膨張方向に進むならば, 力学的エネルギー保存則によって

$$K + U = \frac{1}{2}mv_\infty^2 > 0$$

となることが必要である. 境界となる密度は上式 $=0$ として, $\rho_c = \frac{3H_0^2}{8\pi G}$. この結果は, 一般相対性理論を使って求めた結果と一致する. 現在得られている138億年という宇宙年齢から, $\frac{1}{H_0} = 1.38 \times 10^{10}$[年], $G = 6.67 \times 10^{-11}$[N m^2/kg^2] を用いて, ρ_c[kg/m^3] を求めると, $\rho_c = 0.94 \times 10^{-26}$[kg/m^3] となる. 陽子の質量は, 1.7×10^{-27}[kg] なので, 得られた臨界密度 ρ_c は, 1[m^3] に陽子が 5 – 6 個程度, ということになる. 実際の観測から, 宇宙全体の密度は, ずっと膨張を続けるのか, あるいはいずれ収縮となるのかの境界状態であることが知られている. したがって, 宇宙の密度は, ρ_c程度である.

第 9 章

1. $F = \frac{GMm}{R^2}$ より, 天体の表面重力の大きさは天体質量に比例し, 半径の 2 乗に反比例する. よって中性子星表面での重力は地球にくらべ, $\frac{3 \times 10^5}{(1/500)^2} = 7.5 \times 10^{10}$倍程度となると考えられる.

2. 脱出速度を光速 c とおくと

$$c = \sqrt{\frac{2GM}{R}} \text{ より } M = \frac{c^2 R}{2G}$$

となるので, 地球半径 6.4×10^6 m を代入すると

$$M = \frac{(3 \times 10^8)^2 (6.4 \times 10^6)}{2 \times 6.7 \times 10^{-11}} = 4.3 \times 10^{33} \text{ kg}$$

となる. これは太陽2000個分の質量に相当する. ミッチェルとラプラスにより導出された暗黒天体の大きさは, ニュートン重力に基づいているにも関わらず, 一般相対性理論により導かれるブラックホールの大きさと一致する.

第10章

$$\frac{1.4 \times 10^{33}}{(3 \times 10^{26})/(6 \times 10^{11})} = \frac{1.4 \times 10^{33}}{5 \times 10^{14}} = 2.8 \times 10^{18} 秒 \approx 9 \times 10^{10} 年$$

実際には, 核融合に使える水素は太陽中心核にある分のみであるため, 実際の太陽の寿命は 1×10^{10} 年程度であると考えられている.

第 II 部

第 1 章

1. チャールズ・ダーウィンの進化論（1859年，『種の起源』），アルフレート・ヴェーゲナー等によるプレートテクトニクス他，ケプラーの法則，万有引力の法則，相対性理論，量子力学，ハッブル–ルメートルの法則，宇宙の加速膨張の発見などもパラダイムシフトと呼ばれる場合がある．アストロバイオロジーや系外惑星探査の成果として，地球外生命体（さらには，地球外知的生命体）が見つかれば，世界観に大きな影響を及ぼすことだろう．

2. 地球以外の太陽系内天体からは，人類が送った探査機や探査車以外からは自然界のものとは異なる人工的な電波や光のシグナルが見つかっていない．つまり，太陽系内に人類以外の知的生命体が存在している可能性はない．一方，太陽系外惑星やその周囲の衛星には，知的生命体が存在する可能性は否定できないが，恒星間の距離を考慮すると，移動にかかる時間は数千年以上となり，生命体の寿命を考慮すると宇宙人が地球に UFO で訪問している可能性はきわめて低い．また，天空上では，人工物や気象現象，天文現象などで一般人が UFO と見間違えるような事象は数多く存在している．これらのことから総合的に，UFO は宇宙人の乗り物ではないといえるのではないだろうか．

第 2 章

書籍としてはたとえば『天文年鑑』（誠文堂新光社）のような毎年の天体暦が複数の出版社から刊行されている．また，『星ナビ』（アストロアーツ），『天文ガイド』などの月刊誌も刊行されており，これらは公共図書館でも閲覧可能な場合が多い．プラネタリウムソフトや，国立天文台の「ほしぞら情報」や「暦計算室」のウェブサイトなども有用である．

第 3 章

1. 集光力は $(30 \times 100 \, \text{cm})^2 / (6 \, \text{cm})^2 = 250000$ 倍．必要な観測時間は250000分（173.6日）．ただし，同じ天体を24時間観測し続けることはできず，そもそも昼間は観測できない．一晩で同じ天体を観測できる時間が 8 時間だとすると $173.6 \times 3 \fallingdotseq 521$ 晩 が必要となる．

2. 重い重量を支える強靱さに加えて，馬蹄形の空洞部分に望遠鏡を向けることで，赤道儀式望遠鏡には難しい北極方向の観測を可能にするため．

3. 太陽から見て地球の裏側（つまり地球の夜の側）に置くことで，地球からの熱を軽減し，太陽からの熱を避け，観測装置の冷却効率を上げるため．

4. 彗星の移動速度が速く，B,V,R の 3 つのバンドで撮影している間にも，彗星が星々の間を移動したため．

5. スペースデブリ，流星，太陽フレアなど，宇宙望遠鏡に物理的な損傷を与える可能性のあるものを挙げれば良い．流星群など事前に情報が入る場合には，宇宙望遠鏡は観測を中止して衝突する確率が低い姿勢を取る．

索引

●監修者

岡村定矩
（おかむら・さだのり）

1948 年生まれ．東京大学大学院理学系研究科教授，法政大学理工学部創生科学科教授を経て，現在，東京大学名誉教授，東京大学エグゼクティブ・マネジメント・プログラム（東大 EMP）エグゼクティブ・ディレクター．専門は銀河天文学と観測的宇宙論．
おもな著訳書に，『銀河系と銀河宇宙』（東京大学出版会），『人類の住む宇宙』（シリーズ現代の天文学 第 1 巻，編著，日本評論社），『6 つの物語でたどるビッグバンから地球外生命まで』（訳，日本評論社）などがある．

芝井 広
（しばい・ひろし）

1954 年生まれ．名古屋大学大学院理学研究科教授，大阪大学大学院理学研究科教授を経て，現在，大阪大学名誉教授．専門は，スペースからの光赤外線天文学．
おもな著書に，『宇宙生命論』（分担執筆，東京大学出版会），『地球生命誕生の謎』（共訳，西村書店）などがある．

●編著者

縣 秀彦
（あがた・ひでひこ）

1961 年生まれ．国立天文台天文情報センター准教授．専門は，天文教育，科学コミュニケーション．
おもな著書に，『面白くて眠れなくなる天文学』（PHP 文庫），『日本の星空ツーリズム』（緑書房），『天体観望ガイドブック 新版 宇宙をみせて』（恒星社厚生閣）などがある．

すべての人の天文学

2022 年 3 月 15 日　第 1 版第 1 刷発行

監修者	岡村定矩・芝井 広
編著者	縣 秀彦
発行所	株式会社日本評論社
	〒170-8474　東京都豊島区南大塚 3-12-4
	電話　(03) 3987-8621 [販売]
	(03) 3987-8599 [編集]
印　刷	精文堂印刷
製　本	難波製本
カバー＋本文デザイン	山田信也（ヤマダデザイン室）

©Sadanori Okamura *et al*. 2022 Printed in Japan
ISBN978-4-535-78946-3